一日，一课

有这样的一天

手 指 头
痒 痒 难 耐

心 里 面
蠢 蠢 欲 动

就像从某处散发出的令人愉悦的清香

就像阳光照射在心间发出轻快的声响

有时可能会下雨

有时也可能会下雪

想全心投入到某事中

想暂时放缓自己的脚步

蠢蠢欲动
心痒难耐

这样的一天
适合做这样的事情

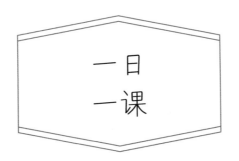

一日一课

不经意间的家居生活整理魔法

[韩] 崔丁化·著

庄 晨·译

中国水利水电出版社
www.waterpub.com.cn

·北京·

不是"心灵手巧"，也要手工制作

在写这本书的过程中，过去那些已经模糊的记忆一点点浮现在眼前。一边做着曾经在课堂上做过的一个个手工作品一边静静地回忆，突然发觉年少时留下的一个个记忆碎片中，自己似乎一直都没停下来制作小玩意。

犹记得人生第一次见习旅行，第一次围在篝火边点的蜡烛以及放蜡烛用的碎石子，第一次用的月票、第一次挂上的名签等。这些虽然对其他人来说不算什么，但却在我的生命中留下了十分深刻的印记，使我的内心慢慢地发生着变化。我想正是因为这种变化，我开始了自己的DIY生活。

经过细细筛选，我们可以发现生活中有很多被称为垃圾的东西，然而如果重新添加一些元素或是给它们改变一下"装扮"，则立刻会变成美丽而不浮夸的新物品。我相信只要我们投入自己的时间和热情努力去做，就一定能创造出与之前完全不同的新物品。

开办了很多次课程后我发现，很多人都说："虽然很想试一试，但可惜我没有一双巧手。"而每当这个时候我都会说："即使可能会做得很糟糕，但这也没什么，首先要去尝试。""将自己的身心集中在某件事情上，这本身就是一件让人高兴的事情。"

希望通过本书让读者们重新看待生活中的琐事，能够感受到自己亲手制作东西的喜悦；也希望这本书能够让你更加热爱生活，从而变得更加幸福起来。

最后，感谢一直以来在背后默默支持我的丈夫，给了我新生活的父亲以及在天堂中一直默默守护着我的母亲，谢谢你们。

崔丁化

CONTENTS

序言17 | 凡例 23

CHAPTER 1
春 的 某 一 天

SPRING DAY 1
春天的插花课程

随手插也十分漂亮的 **餐桌花朵装饰** 31
随手扭几下就制作完成的 **捧花** 34
利用零星的花朵制作的 **襟花** 39

SPRING DAY 2
纸制课堂

圆嘟嘟的可爱 **大绒球** 43
咖啡滤纸的优雅变身 **白色花环** 47
深夜女孩房间里闪耀的 **纸杯灯** 49
用花卉和纸张写的信 **花卉信箱** 50

SPRING DAY 3
复活节彩蛋课程

食用色素染制而成的 **彩蛋** 57
像宝石一样闪闪发亮的 **发光彩蛋** 59
不会画画也没关系的 **餐巾艺术彩蛋** 60

SPRING DAY 4
包装课程

无意中发现的 **用羊皮纸包装点心** 67
简单却能令人感到真诚的 **瓶子包装** 69
手工时间 **没有盒子时自己动手做一个** 70

SPRING DAY 5
首饰课堂

时而淳朴，时而优雅的 **胸花&短项链** 77
耀眼夺目且充满女人味的 **飘带胸花&发带** 80

CHAPTER 2

夏 的 某 一 天

SUMMER DAY 1 夏天的花卉课堂	迷你花园 **绿色玻璃盆栽**	87
	活用蛋壳的 **多肉植物迷你花盆**	89
	叫你的名字 **铝箔姓名卡**	91

SUMMER DAY 2 精油课程	散发着清香的 **爆炸浴盐**	95
	有助于血液循环的 **浴盐**	97
	适合送给朋友的礼物 **天然香皂**	99
	让人着迷的高级 **膏体芳香剂**	101
	家中的专属香气 **无火香氛瓶**	103

SUMMER DAY 3 刺绣课程	活用点·线·面的 **时尚简单风格刺绣**	107
	看起来别具一格的 **边角字母刺绣**	111
	只要知道基本的针法就能绣制的 **图画刺绣茶垫**	113

SUMMER DAY 4 废物利用DIY课程	利用零星的布料和橡皮印章制作的 **沙滩棋盘**	117
	散发着咖啡馆气息的 **砖制书立**	119
	无法抛弃的 **彩色花瓶**	120
	从廉价到高品质的 **蛋糕托盘&鸡蛋托盘**	125
	打造不同感觉的 **瓷砖茶盘**	129

SUMMER DAY 5 大豆蜡烛课程	散发满满香气的 **茶盏蜡烛**	133
	纸杯活用的 **茶烛**	135
	可爱而独特的 **饼干形状蜡烛**	137

CHAPTER 3

秋 的 某 一 天

AUTUMN DAY 1
秋天的花卉课程

收纳干花的 **香囊**   143

用假花制作而成的 **花球**   145

令人心情愉悦的柠檬香 **橙子香盒**   147

AUTUMN DAY 2
Bling-bling的金色课程

在想要重点强调的地方着色 **金色工程**   151

按压纸张的漂亮 **砾石镇纸**   153

能够使每个人微笑的 **栎实餐巾圈**   155

适合情侣使用的 **字母杯**   158

AUTUMN DAY 3
万圣节课程

多种用途的 **女巫扫帚**   165

重返童真年代的剪纸游戏 **蝙蝠&手持假面**   167

请铭记，十月的最后一个夜晚 **万圣节南瓜**   171

丑萌丑萌的 **蚯蚓蛋糕**   173

AUTUMN DAY 4
珍珠改造课程

如优雅公主一样的餐桌上的 **珍珠餐巾圈**   176

华丽贵气的 **珍珠双层收纳盒**   181

散发着隐隐风姿的 **珍珠提包**   183

AUTUMN DAY 5
巧克力课程

香甜恶魔来袭 **巧克力酱**   187

在家制作的 **巧克力派**   189

像巧克力专家亲手制作的 **松露巧克力**   191

CHAPTER 4

冬 的 某 一 天

WINTER DAY 1
冬天的花卉课程

与雪花相映成趣的 **砂糖松塔**　　196

给萧索的冬季带来一丝温暖的 **树叶花环**　　201

温暖的冬季花 **棉花花环**　　204

WINTER DAY 2
毛毡课程

极富厚重感的 **毛毡拉旗**　　211

适合作为新年礼物的 **红酒袋**　　215

握在手中感觉非常棒的 **隔热杯套**　　217

可以像相框一样挂起来的 **毛毡花环**　　219

WINTER DAY 3
卡片课程

下雪冬季的 **亮晶晶的卡片**　　222

散发着怀旧气息的 **纽扣卡片**　　227

纸中开出的 **立体花卡片**　　229

WINTER DAY 4
烘焙课程

端庄典雅的 **翻糖蛋糕**　　233

甜而劲道的 **棉花糖**　　237

圣诞节必备 **皇家糖霜饼干**　　239

含有丝滑掺糖奶油的 **杯子蛋糕**　　241

WINTER DAY 5
专属空间课程

记忆中飘落的雪花 **雪花球**　　244

享受改变框架的乐趣 **奢华相框&宝石相框**　　248

手工制作的魅力 **托盘挂衣钩**　　253

充满了浪漫情调的 **玻璃瓶烛台**　　255

ABOUT TOOLS 256 | INDEX 258

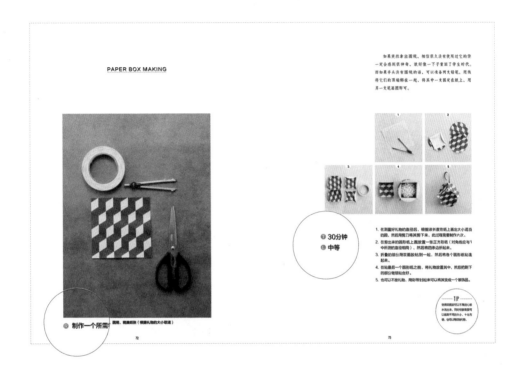

R READY

· 准备相关课程所需的物品
· 没有明确指出分量的物品可根据个人喜好和实际制作情况进行适当调整
· 图片主要是为了帮助理解，实际准备的物品可以和图片上的不一致；另外一定要确认好自己所准备的物品
· 相关的工具说明参考P256

T TIME

制作过程所需时间：至少5~10分钟
本书中的所有物品所需制作时间最长不超过2~3小时

L LEVEL

课程的难易水平分为三个等级
分别是：Easy-Middle-Higher
Easy：最简单的等级，任何人都能轻松完成
Higher：虽为最高等级，但只要再多付出一些耐心，也可以很容易学会

CHAPTER 1

春的某一天

　　每个女人都有着装扮花束的浪漫情怀。"怎样才能把花插得漂亮呢？"如果你心中充满这样的疑问，那我不得不告诉你这是没有既定答案的。虽然插花时花的颜色样式都可以根据所需氛围和主题的不同而产生各种细致的变化，但其实我们根本不用过于费心。因为无论怎么变化，花仍旧是花，无论怎么组合它们，它们看起来都无比和谐。

SPRING DAY 1

春天的插花课程

TABLE CENTERPIECE | BOUQUET | BOUTONNIÈRE

随手插也十分漂亮的

餐桌花朵装饰

TABLE CENTERPIECE

　　下面为大家介绍一种插花方法，无论你是否了解鲜花、是否心灵手巧，通过此方法都可以插出像模像样的花卉装饰。由于此方法几乎不需要技巧，因而对你来说负担小、失败的可能性几乎为零，完全可以激发出你的成就感。来，让我们充满信心地开始吧！

TABLE CENTERPIECE

Ⓡ 1束餐桌花：自己喜欢的花2～3种，绿色花泥一圈。

初学者使用绿色的鲜花泥可以较为容易地学会插花。成品花卉中含有的聚苯乙烯可以吸收水分，这种花泥看似是插花高手们经常使用的，然而对于初学者来说却更利于学习。我们可以将花卉放在我们想放的地方，即使花插得没什么技术含量，但还是可以作为不错的装饰品。

🕐 30分钟
📊 简单

① 在整理花卉之前需要将鲜花泥放入水中浸泡，使其充分吸收水分。

② 将主要的鲜花花茎剪至3cm左右的长度，然后鲜花泥分成3~4部分分别插入。

③ 将剩下的鲜花剪为3cm左右后插入余下的空隙中。

④ 将所有剩余空间全部填满后放入插花器具或是立式碟子中，并将其摆放在桌子上。

─── TIP ───
摆放在桌子上后，在中间放入一支蜡烛就会产生另一种全然不同的气氛，而如果将其挂在墙上，还可以利用蕾丝对其稍加装饰。

随手扭几下就制作完成的
捧花
BOUQUET

我牵线促成身边很多对朋友走向了婚姻的殿堂。不久前，由我牵线的第十九对情侣结婚时，我做了一束捧花送给了新娘。她一只手牵着自己父亲的手，另一只手捧着我亲手做的捧花，一步步走向结婚礼堂。那高贵美丽的容颜完全无法用语言来形容。而这样的礼物对于双方来说都是特别的，什么时候自己试着做一下？真的一点都不难，只需要有一点点开始的勇气就够了。

BOUQUET

Ⓡ 一束捧花：选择喜欢的花卉2~3种，细绳、彩带少许，剪刀

亲自动手做的时候会发现这真的简单到令人不可思议。重点就是将花朝着一个方"刷刷刷"地扭成一束，这样就变成了一束捧花。这样做不但能够让花自然地混合在一起，还能够自然而然形成捧花的样式。初次尝试或者自我练习的时候请选择茎部较为结实的玫瑰花。

🕐 20分钟

🔵 中等

步骤2

步骤3

步骤4

步骤5

1. 将花卉修剪至20cm左右。
2. 将花朵一支一支地朝着一个方向扭转，使其合成一束。
3. 扭在一起的茎部恰好能用一只手握住的时候用细绳绑紧。
4. 将茎部的下端剪成直线型。
5. 手持的部位用彩带漂亮地缠起来。如能用镶珍珠的大头钉将其固定更佳。

—— TIP ——
当天使用应选择半开的鲜花，在三天内使用应选择1/3开的鲜花。

利用零星花朵制作的
襟花
BOUTONNIÈRE

　　襟花可以说是捧花的迷你版。在母亲节、教师节的时候代替康乃馨送上一束这样的襟花怎么样？在插完花之后如果剩下零星的两三朵，就能再做出一束漂亮的襟花。要点是为了挂在衣服上不下垂，所以制作时应该用少量的花。

🕐 **10分钟**

🌀 **简单**

1. 先选定好主要突出的花卉，在其周边选择一两株比主花卉小且颜色淡些的花。挂在衣服的那一面要尽量做得平一些。

2. 用彩带将茎部缠好，再用珍珠别针固定。

3. 将茎部末端剪成直线型，将其插在上衣兜里或是用衣服别针别起来。

步骤 1

步骤 2

步骤 3

Ⓡ **制作一束需用的物品：两三种零星的花，彩带及珍珠别针少许，剪刀**

　　每个人小时候一定都曾有过花一下午时间剪纸人，给它穿衣服戴帽子的经历吧，在学生时代也应该用彩纸折过纸鹤之类的东西。类似剪纸、折纸等真的十分简单的事，但其中饱含着许多快乐。头脑混乱的时候做这些简单的事便成为了极为有效的治愈方式。让我们来一起感受一张张纸传递的触感和情感吧。

SPRING DAY 2

纸制课堂

POMPOM | WHITE GARLAND | PAPERCUP LIGHTING | FLOWER LETTER BOX

圆嘟嘟的可爱
大绒球
POMPOM

　　最近大绒球受到了众多家庭的欢迎。在室内挂上一个个大绒球，会让原本平淡而压抑的空间瞬时变得华丽轻快起来。无论是用作孩子举办派对的装饰物还是用作成熟优雅的室内装饰品，绒球都是不二之选。而最为吸引人的就是它简单的制作方法。如果想在微风习习的时候听到它沙沙的声响，那就亲手制作一两个吧。

POMPOM

® 制作一个所需物品：羊皮纸10张，铁丝30cm，剪刀

如欲将绒球用于派对装饰，虽然可以在左右两侧各对称挂两个或三个，但是这样的效果并不是特别好，我们可以选择一边挂三个另一边挂两个，用这样不对称的方式装扮派对会更加生动漂亮。

⏱ 10分钟
📊 简单

步骤 1	步骤 2

步骤 3	步骤 4
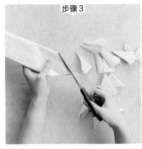	

1. 拿出10张羊皮纸，将其来回对折成4cm的长纸条（呈手风琴状）。

2. 将这个长纸条对折，将其中部用铁丝固定。

3. 用剪刀将纸张两端剪成尖的（或是圆的）。

4. 将纸的末端一个一个展开，并将其整理成圆形后挂在想要挂的地方。

TIP

在将纸一张张展开的时候，注意要避免将纸撕破，将其全部展开后不要有任何折痕。

咖啡滤纸的优雅变身

白色花环

WHITE GARLAND

　　曾因为失误而买了大容量的咖啡滤纸，每次在将滤纸放入咖啡机时都不得不将其上部的 7 ～ 8cm 剪下来。然而像这样零星的纸就那么扔掉会觉得很可惜，便一点点将它们收集起来。突然有一天将它们用针线缝了起来，意外发现它们竟如蕾丝那般的优雅浪漫。这样不经意的时刻真的十分有意义啊。

🕐 1小时

⏳ 中等

1. 将咖啡滤纸折1/4（呈漏斗形状）后，剪去两端突起的部分。
2. 沿着里面的线缝合。
3. 展开整理一下即可。

步骤1

步骤2

步骤3

Ⓡ 制作一个所需物品：**适量的大容量咖啡滤纸、线、针、剪刀、细绳或彩带**

深夜女孩房间里闪耀的

纸杯灯
PAPERCUP LIGHTING

在塑料瓶上贴满烘焙用的纸杯，并放入可以挂在树上的小灯泡，这样一个充满古典气息的灯就制作完成了。无论纸杯贴得是紧凑还是松散，柔和的灯光透过纸张时，都能让我们感受到它们不同的魅力。光线发生改变的同时，整个屋子给人的感觉也变得不同。这就是灯光所带来的美妙体验。

🕐 40分钟

🔆 中等

1. 用胶枪将纸杯贴在空塑料瓶表面。贴得紧凑会让人觉得丰满，而留有一定空隙会让人觉得纤细。

2. 将纸杯全部贴完后，将小灯泡通过瓶口放入。

3. 尽可能将塑料瓶的瓶口向下放置，然后连接灯光电源。

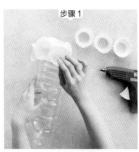

步骤1

步骤2

Ⓡ 制作一个所需物品：烘焙用纸杯（小型号）适量、装饰树用的小灯泡（LED灯）、胶枪

用花卉和纸张写的信

花卉信箱

FLOWER LETTER BOX

　　我是属于那种不善言辞的人，所以自己偶尔会做一些信箱送给自己最珍视的人。把自己想说的话和图，类似"I love you"、爱心或是对方名字的首字母做成纸箱子，然后用花卉将它装饰好。它绝对是能让每个人都开心起来且充满爱意的花卉信件。只要我们投入一点点时间、一点点真诚以及一点点耐心，连小学生都能够轻松搞定，所以我们不要把它想得太难。当然在制作过程中可能会出现一些小瑕疵，这是很正常的。而且物品本身就给人一种很有爱的感觉，所以即使手艺不精，也可以尝试着去挑战一下。

FLOWER LETTER BOX

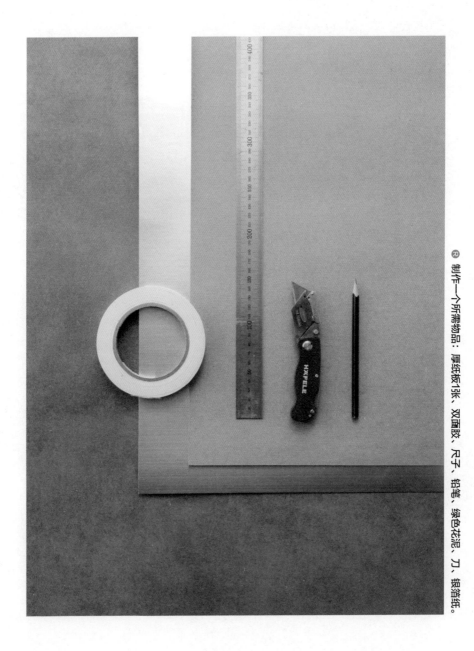

制作一个所需物品：厚纸板15张、双面胶、尺子、铅笔、绿色花泥、刀、银箔纸。

花卉信箱的制作方法本身并不难，但把字一个一个剪出来、折好粘贴成型却需要花费大量时间。制作的要点就是：英文比中文制作起来要相对容易一些，可以选择用一些相对简单的文字。

🕐 1~2小时
🔆 Little High

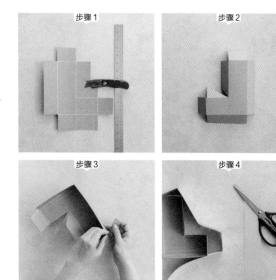

步骤1　　步骤2
步骤3　　步骤4

1. 在厚纸板上画出自己需要的字或是图画，裁剪时注意留出1~2cm左右的间隔。此时为了方便折叠可以再在棱角处斜着切一个口子。
2. 将外边缘整齐地折叠起来。
3. 用双面胶将各边缘都粘贴起来。
4. 字的模样大体制作完成后，将银箔纸裁成宽为5~6cm的长条，然后将其贴在字的表面。
5. 步骤4完成后，向信箱里面填充花泥，并将吸水后的绿色花泥依照字的模样剪好。
6. 选取适量的绿色花泥，然后将其插到里面，一个漂亮的花卉信箱就完成了！

TIP
将需要的字或图画打印出来后贴在黄纸板上，然后再进行裁剪，这样能使剪出来的东西更为端正。

　　我们虽然无法透过鸡蛋的表面看里面，但却可以通过坚硬的外壳感受到里面蓬勃的生命力。基督教为了纪念耶稣打破石墓成功复活，也会选择在复活节时送鸡蛋。当然，就算不是基督教徒，当身边有朋友准备克服种种困难重新面对新生活时，送上一颗漂亮的彩蛋不失为一个很好的选择。

复活节彩蛋课程

COLORING EGG | GLITTERING EGG | NAPKIN ART EGG

食用色素染制而成的

彩蛋
COLORING EGG

　　下面让我们一起用食用色素来染出漂亮的彩蛋吧。这个操作的要点是要选择白色的鸡蛋。我们日常生活中吃的普通黄皮鸡蛋不好上色。这里用的是食用色素，所以不用担心食用鸡蛋时的安全问题。但这样漂亮的鸡蛋应该没有人舍得吃下去吧。

🕐 20分钟
🔋 简单

1. 在烧杯中倒入200ml温水，食醋1匙，并滴入食用色素20滴，然后将其充分搅拌均匀。
2. 将生鸡蛋放入烧杯中，染浅色需1~3分钟，深色则需10分钟左右。

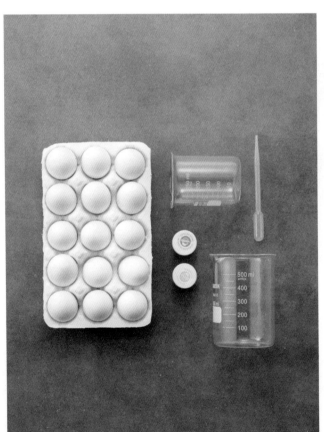

步骤1

步骤2

Ⓡ 制作一次所需物品：白色生鸡蛋（数量不限）、烧杯、滴管、食醋、食用色素适量

像宝石一样闪闪发亮的

发光彩蛋
GLITTERING EGG

　　送别人撒了发光粉末的鸡蛋会给人感觉像是送了一颗宝石一样。制作发光彩蛋时，虽然可以选用那种白色的生鸡蛋，但使用色彩艳丽的彩蛋则会使成品更漂亮。制作时可以用闪闪发光但是质量安全的指甲油。

🕐 10~20分钟
🔋 简单

1. 在白色或彩色蛋表面用毛笔涂满拉菲草，然后均匀地撒上亮粉。在表面画爱心也是一个不错的选择。
2. 在其他鸡蛋表面涂上发光的指甲油即可。

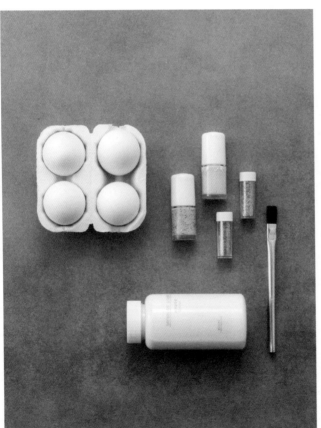

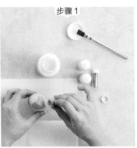

步骤 1

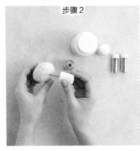

步骤 2

TIP

拉菲草是类似纸质的植物，如果没有也可以用水草、木工胶代替。

® 制作一个所需物品：**白色生鸡蛋（不限个数）、发光指甲油、亮粉、拉菲草、毛笔**

不会画画也没关系的
餐巾艺术彩蛋
NAPKIN ART EGG

　　所谓的餐巾艺术，就是指将印有图案的餐巾裁剪后贴在各种物品上的制作工艺。巧妙地活用此方法可以制作出非常精美的彩蛋。由于使用的是餐巾上面已经画好的图案，因而即使是画画技术不佳的人也能轻松地完成。如果餐巾上的图案是较大的，那么可以直接贴到鸡蛋上面，如果图案是很小的花纹，则需要我们把它们一个个剪下来再紧密地贴在鸡蛋表面。最近，在超市或是室内装饰商店都可以购买到色彩缤纷的餐巾，大家可以根据自己的喜好进行挑选，来制作出与众不同的彩蛋。

NAPKIN ART EGG

Ⓡ 制作的所需物品：白色生鸡蛋（个数不限）、漂亮花纹的餐巾适量、剪刀、拉菲草、清漆、毛笔

装饰鸡蛋的方法是多种多样的。我们可以随心所欲地在上面贴上各类贴纸，也可以用彩笔写上自己的名字，还可以在上面画画。如果想追求与众不同，那么可以在蛋壳上涂满木工胶，然后将刺绣用的线紧紧地将蛋壳缠起来。

🕐 20分钟
🔋 中等

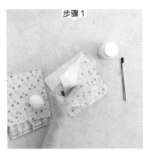
步骤 1

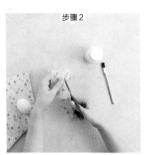
步骤 2

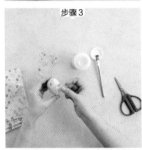
步骤 3

1. 准备自己喜欢的餐巾，并将其拆成一张张薄薄的纸。

2. 将餐巾剪成小块。如果图案较大，则可以将图案完整地剪下来。

3. 用毛笔蘸取拉菲草涂于生鸡蛋表面，然后将剪下的餐巾紧密地贴在蛋的表面。其中要注意的是为了防止餐巾脱落，在贴的时候一定要注意粘牢。

4. 最后涂上一层清漆，制作完成。

TIP

清漆主要起固定的作用，此外还可以使彩蛋表面的颜色更加鲜艳夺目。

礼物代表了一个人的心意。无论是多么小的礼物，都可以让收到礼物的一方觉得温暖和感动。而包装则可以使这份心意得到升华，使对方的感动得到延续。小小的礼物中有着无法用言语来传递的各种含义，包裹在沙沙作响的纸中将这份心意传达给对方吧。

包装课程

COOKIE PACKAGING | BOTTLE PACKAGING | PAPER BOX MAKING

无意中发现的

用羊皮纸包装点心
COOKIE PACKAGING

好不容易有闲暇时间就亲手做了一些点心，然而想送给朋友的时候却不知道该用什么东西来装，类似这样尴尬的情况在日常生活中总会发生。如果你不想直接用塑料袋装，那么羊皮纸是一个不错的选择。而如果手头有金色丝线和贴标签的机器，就能更轻松地做出一个充满高雅气息的羊皮纸包装的点心礼物了。

🕐 10分钟
📊 简单

1. 将点心端正地放在羊皮纸的中间位置，将两侧对折后再将上下也对折起来。
2. 为了防止羊皮纸松开，可以用金色丝线缝一下，此处用双面胶也可以。
3. 在标签纸上写上自己想说的话后，用贴标签的机器贴在丝线上面即可。用零星的花朵装饰一下就更完美了。

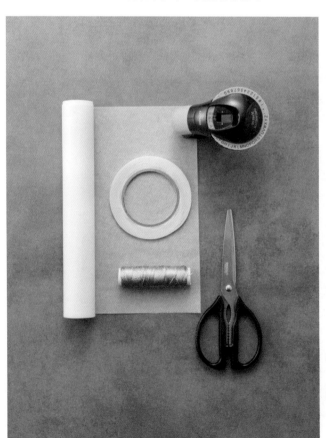

步骤 1

步骤 2

步骤 3

Ⓡ 制作一个所需物品：羊皮纸适量、金色丝线、剪刀、贴标签的机器

简单却能令人感到真诚的
瓶子包装
BOTTLE PACKAGING

　　把时令食材拌入果酱、腌菜或是发酵液一类的东西制成食物送给朋友感觉非常不错。把食物放进一般的玻璃瓶送人虽然可以，但如果肯稍稍花些心思，就能使其变成饱含心意的礼物。

🕙 10分钟
🔆 简单

1. 取适量的羊皮纸或是漂亮的布将瓶子的上部分包裹起来。
2. 用细绳或彩带捆绑，在标签纸上写上想说的话后贴在瓶上或是挂上名签。

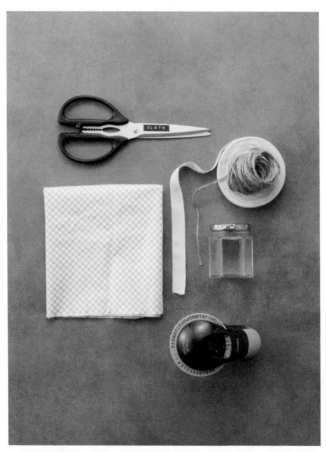

Ⓡ 制作所需物品：剪刀、漂亮的布或羊皮纸、细绳、彩带、瓶子、贴标签机器或名签

手工时间

没有盒子时自己动手做一个
PAPER BOX MAKING

　　"没有盒子时自己动手做一个"，
这堂手工课需要运用一些数学概念。
当然这一点都不难，希望大家不要
一听到"数学"就产生畏惧心理。
将六张圆形纸张粘到一起制成一个
正六面体，当准备的礼物没有包装
的时候，不妨用一下这个方法。不
同花纹、不同质感的纸张带来的效
果也是千差万别的，此外大小也可
以随意改变。每当在做这样的盒子
时，内心的感觉也会随之变得不同。
如果在上面系一根带子，就可以使
其变成一个独具特色的装饰品。

PAPER BOX MAKING

Ⓡ 制作一个所需物品：双面胶、圆规、精美纸张（根据礼物的大小取适量）

如果突然拿出圆规，相信很久没有使用过它的你一定会感到很神奇，就好像一下子重回了学生时代。而如果手头没有圆规的话，可以准备两支铅笔，用线将它们的顶端绑在一起，将其中一支固定在纸上，用另一支笔画圆即可。

⏱ **30分钟**
📊 **中等**

1. 在测量好礼物的直径后，根据该长度在纸上画出大小适当的圆，然后用剪刀将其剪下来，此过程需要制作六次。
2. 在剪出来的圆形纸上面放置一张正方形纸（对角线应与1中所测的直径相同），然后将四条边折起来。
3. 折叠的部分用双面胶粘到一起，然后将各个圆形纸粘连起来。
4. 在粘最后一个圆形纸之前，将礼物放置其中，然后把剩下的部分继续粘合好。
5. 也可以不放礼物，用彩带封起来可以将其变成一个装饰品。

— TIP —
使用双面胶可以不用担心胶水流出来，同时根据需要可以截取不同的大小，十分方便。也可以用浆糊代替。

首饰课堂

FLOWER CORSAGE & CHOKER | RIBBON CORSAGE & HAIR BAND

不知从何时起开始渐渐喜欢上手工制作各种首饰。手工制作首饰的魅力在于无论制作得是否精美，各自都有各自的韵味。就像孩子在幼儿园第一次亲手给妈妈制作的有些皱皱的康乃馨那样，让人觉得有趣又值得纪念。

由于手工制作的首饰在制作工具和材料方面略微粗糙，其品质可能不如成品首饰，所以我们不要太执着于华丽方面。在制作的过程中，无论是选择使用彩带还是鲜花，只选择一个作为重点，这才是最重要的。

时而淳朴，时而优雅
胸花&短项链
FLOWER CORSAGE & CHOKER

用纯白毛毡制成的花朵用别针别在衣服上，一个可爱又朴素的胸花在刹那间制作完成了。此外，将绸缎材质的人造花（假花）别在衣服上，就可以制作出一个高贵又充满女人味的胸花。而将别针换成长一些的挂绳，瞬间又变成了可以挂在脖子上的短项链。手工制作的首饰，优点在于其充满了变化的可能性，我们可以根据自己的喜好将它们任意改变。

FLOWER CORSAGE & CHOKER

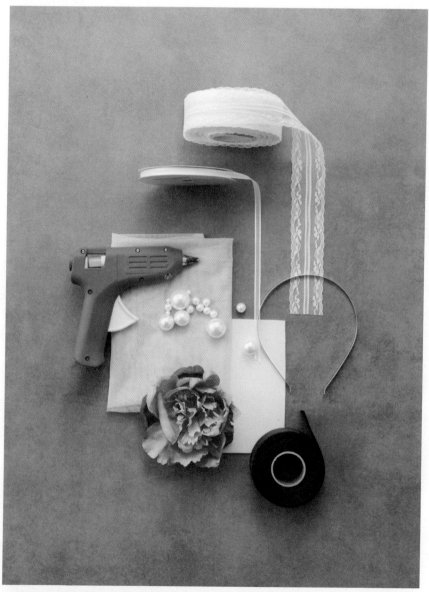

Ⓡ 制作3~4个所需物品（制作所有首饰的共通材料）：挂绳和雪纺绸适量、胶枪、人造珍珠、白色毛毡、绸缎人造花、铁制发箍、衣服别针、针和线、剪刀、铁丝

将花用别针别在衣服上就变成了胸花，而如果用一条挂绳将其串起来就变成了项链或是手链。将挂绳剪成适当长度并用花朵来装饰或是在铁制发箍上贴上花卉，一个华丽精美的发带就制作完成了。

🕐 20~30分钟

📊 中等

步骤 1

步骤 2

步骤 4

1. 将毛毡大致剪成椭圆形，将一边稍微剪开一些，然后用胶枪将两边粘起来制作成花瓣形状。

2. 再次将毛毡剪成椭圆形，并重复步骤1制作多个花瓣，然后用胶枪将边缘贴起来。

3. 不断重复步骤2，制作出大小不同的数朵花，然后将它们贴到一起。

4. 用胶枪将人造珍珠贴到花蕊处，并在背面粘上别针，这样一个胸花就制作完成了。

5. 直接准备一个丝绸人造花，在其后面用胶枪粘上别针，一个胸花就立刻制作出来了。

6. 用胶枪将花粘在挂绳上，一个项链就制作完成了。此外，如果用雪纺或羽毛将其稍稍装饰一下，就会变得更为精美华丽。

— TIP —
新娘的送礼会或是各位美丽公主的生日宴会上必不可少的就是用花朵装饰的首饰。

耀眼夺目且充满女人味的
飘带胸花&发带
RIBBON CORSAGE & HAIR BAND

本次是利用飘带和雪纺来制作胸花和发带。这与用花卉制作出来的饰品完全不同，会给人一种更有女人味、更加优雅的感觉。雪纺和飘带这两种独特的材质在折叠后会产生柔和的曲线，即使我们没有什么高超的制作手艺，也可以制作出精美的饰品。

● 20~30分钟
● 中等
® P78

1. 取适量雪纺，将其自然地折叠起来。

2. 用线或铁丝将雪纺中心捆绑起来。

3. 将毛毡裁成正方形后，用飘带缠2~3次后将毛毡抽出。

4. 用线或铁丝将飘带中心绑起来。

5. 用胶枪将4中制作处的物品贴到2处，然后用人造珍珠稍加装饰。

6. 在背面粘上别针、铁制发箍或挂绳。

CHAPTER 2

夏的某一天

夏天的花卉课堂

GREEN TERRARIUM | MINI EGGSHELL POT | ALUMINIUM NAME TAG

　　虽然不了解家里面有室内花园的生活是怎样的，但对于每天忙于生计的人们来说，让绿色常伴身边是很难做到的，而多肉植物可以帮我们解决这一难题。有些人会觉得给花瓶换水或是侍弄花草是一件很麻烦的事，然而即使是这样的人也完全可以尝试挑战一下。只要稍稍发挥一下你的灵感，就能打造一个一年长青的专属小花园。

专属绿色迷你花园

绿色玻璃盆栽

GREEN TERRARIUM

玻璃盆栽指的是在小的玻璃球内放入多肉植物，然后用适量的苔藓、土、小石子将其装扮起来，这样就制成了一个漂亮的迷你花园。将其放在房间任何一个角落里都是不错的选择，让我们一起动手打造可以改变室内气氛的玻璃盆栽吧！

🕐 **20分钟**
🕐 **简单**

1. 在玻璃盆栽底部铺满泥土，将多肉植物栽种在上面，然后用小石头和苔藓将其装饰起来。
2. 将玻璃盆栽的玻璃盖盖上，然后摆放在想放置的位置。

Ⓡ 制作一个所需物品：仙人掌或多肉植物适量、泥土、小石子、苔藓、玻璃盆栽瓶

— TIP —
应该偶尔将玻璃盖打开，给盆栽换气。将小花卉放在里面装饰会使其变得更加精美。

活用蛋壳的
多肉植物迷你花盆
MINI EGGSHELL POT

用蛋壳来制作花盆会让人感到有趣且新奇。多肉植物本身并不需要特别多的水分，所以不制作排水孔也是可以的，但是如果担心植物会出现问题，那就试着用针在底部轻轻扎几个小孔吧。

⏱ 15分钟
📊 简单

1. 将蛋壳清洗干净后，让其自然晾干，然后将多肉植物移栽到上面。

2. 将栽有多肉植物的蛋壳花盆放置到装鸡蛋的盒子中。

3. 为使其更加自然，可以在上面栽一点苔藓。

— TIP —
做完菜后可以将剩下的鸡蛋壳和装鸡蛋的盒子保留下来以备他用。

Ⓡ 制作4~5个所需物品：自己喜欢的多肉植物若干、蛋壳、装鸡蛋的盒子

叫你的名字
铝箔姓名卡
ALUMINIUM NAME TAG

⏱ 10分钟

⚡ 简单

1. 将绝缘铝箔胶带剪至姓名卡长度的二倍。

2. 在剪下的绝缘铝箔胶带中间放一根小木棒，然后将胶带的两面对折粘合，这样就做成了一个旗帜形状的铝箔姓名卡。

3. 将2中制作好的铝箔表面用针或是尖的东西使劲按压，把名字写在上面，然后插在花盆内。

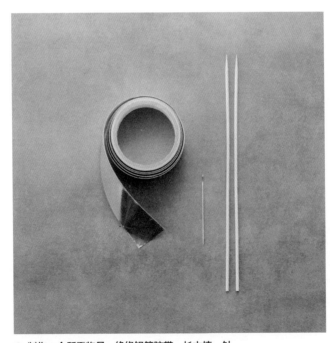

Ⓡ 制作一个所需物品：绝缘铝箔胶带、长木棒、针

TIP
举办家庭派对的时候，在卡片上写上每道菜的名字，然后插在菜上面，会将餐桌装饰得更加精美。

　　每个人都有自己喜欢的味道，并且每个人身上都有自己特有的味道。有时这种香气会长存于记忆中，甚至还能抚平伤痛。比如，那个人身上散发着一股孩子的味道、妈妈的身上总是有这样的味道、那时那地散发出了那样的气味……我将这样那样的香气混合在一起时，脑海中会浮现出过去的种种画面，被遗忘的一个个瞬间也慢慢拼凑成了一个完整的画面。那么此刻你身上特有的香气是怎样的呢？

SUMMER DAY 2
精油课程

BATH BOMB | BATH SALT | NATURAL SOAP | PLASTER DIFFUSER | DIFFUSER

散发着清香的

爆炸浴盐
BATH BOMB

　　今天，为了奖励辛苦的自己，给自己准备一个沐浴时间吧。向浴缸内放满温水，然后放进去一整块提前做好的爆炸浴盐，那随着水蒸气一起散发出来的花朵香气，能给本已疲惫不堪的心灵带来一丝慰藉，而温水能够缓解我们身体上的疲劳，使我们可以精神饱满地面对明天。

🕐 5分钟
🔧 简单

1. 在一个大碗中按照一定比例放入小苏打、淀粉和柠檬酸，然后将其充分混合。
2. 放入少量水、精油、甘油，然后用手搅拌。
3. 适当搅拌后将材料满满地装入爆炸浴盐模具（半球形）中。
4. 将两个搅拌成型的模具合在一起并用力按压。

步骤 3

步骤 4

— TIP —
填装模具的时候不要特别用力地按压，应让其自然装满后再合起来。

🅡 制作1份所需物品：水20g、喜欢香型的精油 5g、甘油15g、小苏打100g、淀粉200g、柠檬酸200g、爆炸浴盐模具、大碗

有助于血液循环的
浴盐
BATH SALT

　　浴盐是只用盐即可制作而成的一种沐浴液。像之前的爆炸浴盐一样，舀一勺浴盐放入浴缸内，然后就可以享受舒适的半身浴了。利用盐的渗透压现象和所含的矿物质可以促进血液循环，有利于体内垃圾的排出，此外对改善皮肤也有极佳的效果。虽然也可以将其当做磨砂膏来使用，但由于其颗粒略粗，使用时应该尽量避开脸部。

🕐 5分钟
🌓 简单

1. 在100g泻盐中滴入精油8~10滴。
2. 充分混合后将其放入瓶中。

Ⓡ 制作一份所需物品：泻盐100g、勺子、自己喜欢的精油、瓶子、滴管

适合送给朋友的礼物
天然香皂
NATURAL SOAP

下面让我们来尝试亲手制作混合了自己钟爱香气的专属天然香皂吧，无论是自己使用还是送给他人都是不错的选择。自己制作的香皂不添加防腐剂可以让我们用着更加放心，此外，香皂的香气和形状都可以按照我们的想法来做，亲手制作的过程能让我们感到无比的快乐。

⏱ 50分钟（凝固大约需要一天时间）

🌓 中等

1. 将丙三醇切成小块后放在蒸馏器中蒸馏，在丙三醇适当熔化时将其移除。

2. 将蒸馏器温度下调至45~50度左右，然后每200ml中滴4~5滴精油并将其充分混合。

3. 在其中稍稍掺入一些食用色素，然后将其倒入香皂模具中。也可以在其中加入适当的迷迭香一类的干草或花叶。

4. 将乙醇倒入喷雾器中，向香皂表层喷3~4次后让其自然凝固，此过程大概需要耗时一天。在表面喷洒乙醇可以避免气泡的产生，使香皂在凝固过程中能更加整齐。

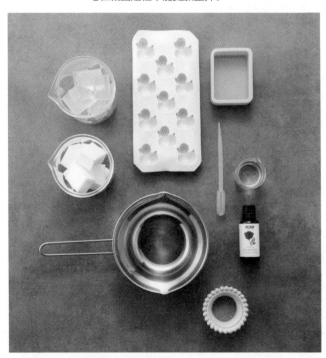

Ⓡ 制作4~5个所需物品：丙三醇200g、喜欢的香皂模具、滴管、乙醇（用喷雾器大概能喷洒3~4次左右的份量）、蒸馏器、精油4~5g、食用色素

让人着迷的高级
膏体芳香剂
PLASTER DIFFUSER

　　该芳香剂的制作方法是将石膏粉制作成自己喜欢的样子后再将香气混入其中。由于它是固体形态，因而完全不用担心会像其他芳香用品那样流出，更不用担心装它的瓶子会被打破，且对储存环境没有任何要求。由于其自身会散发出一种优雅的气息，即使将它们随意放在普通的塑料瓶里面送人，也是一个非常不错的礼物。

🕐 10~20分钟
📊 中等

1. 在装有水、精油、液态橄榄油的盒子中加入筛好的石膏粉。
2. 将1中的物品快速调匀并放入准备好的模具中。
3. 用牙签或是针一类尖锐的东西轻轻将石膏模具边缘的空气向上赶出去。
4. 变凉后（石膏在凝固过程中会释放出热量）将物品从模具中取出。

TIP
如果向石膏粉中和入水的速度很慢的话，在倒入模具前，石膏就可能会凝固变硬，这点需要格外注意一下。

Ⓡ 制作2~3个所用的物品：天然石膏750g、水370g、精油9g、液态橄榄油3g、喜欢的模具、筛子、混合器、牙签

家中的专属香气

无火香氛瓶
DIFFUSER

无火香氛瓶是将吸收能力强的木棒或是石膏等插入芳香溶液中，香气会随之慢慢地散发出来。无火香氛瓶的制作方法很简单，只要尝试着去做一次，就永远不需要再购买家居无火香氛瓶了。香气的味道可以随心所欲地创造，下面就让我们一起动手制作家中的专属香气吧。

🕐 10分钟
🔋 简单

1. 将无火香氛瓶的基础液、精油、乙醇按6：3：1的比例混合。
2. 将其装入选好的瓶子中。
3. 在瓶中插入木棒。

TIP
如果想要香气更加浓烈一些，只要将乙醇的量增加，并将基础液的量减少即可。

Ⓡ 制作一瓶需要的物品：无火香氛瓶基础液60ml、喜欢的精油30ml、乙醇10ml、瓶子、木棒2~3支

刺绣课程

Modern Simple Style | Corner Initial | Tea Mat Deco

刺绣可以称得上是手艺的代表，它有一种让我们上瘾的魔力。随着线的颜色、材质以及手艺的不同会制作出给人感觉完全不同的物件。我们可以在针织布上随意地刺绣，这样刺绣的范围就大大地超出了我们所认知的范围。此次的制作也希望大家不要太过担心自己的手艺不精，因为只需要运用一点点简单的技巧就足以做出一个非常有感觉的绣品。

活用点·线·面的
时尚简单风格刺绣
MODERN SIMPLE STYLE

给初尝刺绣的人们推荐的方法就是先尝试着刺直线或虚线，而不是一开始就尝试绣出图案。即使只单纯地运用直线或是虚线来绣，经过多次的重复完全可以绣出十分有风格的作品。这样风格简单的刺绣会给人一种时尚而又干练的感觉，这与图案刺绣给人的感觉是完全不同的。此外，绣直线或虚线的方法要比绣图案简单许多，任何人都可以尝试着做一下。

MODERN SIMPLE STYLE

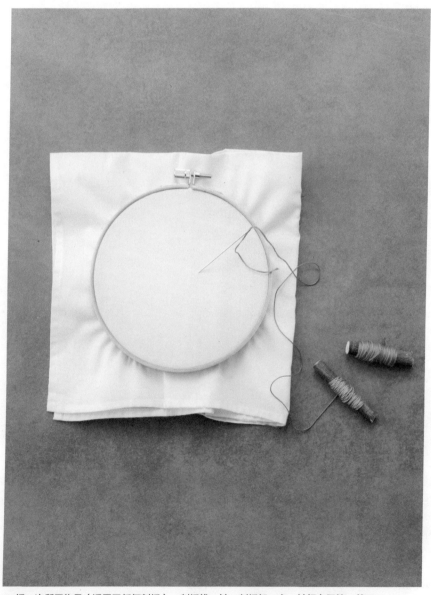

Ⓡ 绣一次所需物品（适用于任何刺绣）：刺绣线、针、刺绣架、布、针织布用笔、剪刀

下面让我们以一定的间距，在针织布上面尝试着绣点、线、面吧。用法国结针法绣点、以轮廓绣针法绣线、用缎面绣针法绣面，这样就能轻松地绣出成品了。使用针织布用的笔在准备好的布上画出底图，然后将布夹入刺绣架上，接下来只需要沿着画好的线开始绣就可以了。另外，用于针织布的笔更容易用水清洗掉，所以要比使用铅笔更加方便一些。

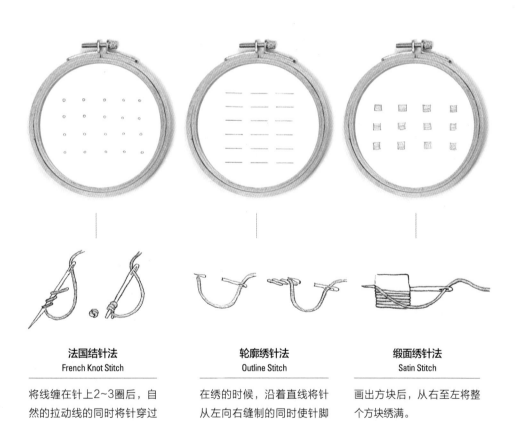

法国结针法
French Knot Stitch

将线缠在针上2~3圈后，自然的拉动线的同时将针穿过布，这样一个突出来具有立体感的点就绣出来了。

轮廓绣针法
Outline Stitch

在绣的时候，沿着直线将针从左向右缝制的同时使针脚重叠在一起。

缎面绣针法
Satin Stitch

画出方块后，从右至左将整个方块绣满。

看起来别具一格的

边角字母刺绣

CORNER INITIAL

在手绢或包餐盒的布的边缘简单地绣一些字母，无需特别的技巧，就可以使其看起来别具一格。另外，由于手写体英语大写字母其本身具有一定的美学特征，因而不妨在上面绣一些比图画更有韵味的花纹吧。

🕒 20~30分钟　　Ⓛ 中等　　Ⓡ 见P108

A B C D E F G H I J

K L M N O P Q R S

T U V W X Y Z

轮廓绣针法 Outline Stitch

巧妙地使用轮廓绣针法可以很容易地绣出曲线。在布上面画好字母后，沿着字母的曲线从左向右缝制，同时使针脚重叠在一起。

只要知道基本的针法就能绣制的

图画刺绣茶垫
TEA MAT DECO

　　下面让我们来尝试挑战一下图画绣吧。最为容易的挑战非茶杯垫莫属。在厚厚的布或是毛毡上画出简单的图画后，用法国结针法绣点、轮廓绣针法绣线、缎面绣针法绣面，将图画填充起来就可以了。此外，利用蛛网玫瑰绣针法可以轻松绣出玫瑰花样的图案。

⏱ 20~30分钟　　Ⓛ 中等　　Ⓡ 见P108

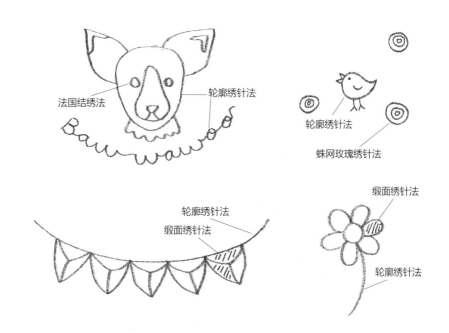

法国结绣法　　轮廓绣针法

轮廓绣针法

蛛网玫瑰绣针法

轮廓绣针法
缎面绣针法

缎面绣针法

轮廓绣针法

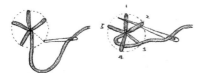

蛛网玫瑰绣针法 Spiderweb Rose Stitch

如图中所示那样绣出5条线后，将针依次从4,2,5底部掠过，然后再从3,1底部掠过。反复进行几次后，就能绣出一个厚厚的玫瑰模样。

想到自己家中有保存了很久没丢掉的瓶子，想到它们堆放在角落里蒙尘，总是有些于心不忍。小学跟大家一起出去露营时用过的蜡烛和砾石，学生时代的第一张月票等，这些东西表面看起来都是些无用途的旧物，然而我却喜欢将它们一一收集起来。因为，只要把这些旧物稍稍加以改动，一个充满复古气息的物件就能展现在眼前。本次的废物利用DIY课程是专门为像我一样对旧事物十分迷恋的人们准备的。下面让我们一起给这些旧物赋予新的生命吧！

废物利用DIY课程

BEACH GAME BOARD | BRICK BOOKEND | PAINTED BOTTLE | CAKE STAND & EGG STAND | Tile tray

利用零星的布料和橡皮印章制作的

沙滩棋盘
BEACH GAME BOARD

　　相信每个家庭衣柜的角落里一定都有零星的布料或旧衣服。下面让我们利用这些布料来制作一个方便带去度假的便携式棋盘吧。例如可以使用老爸的衬衫来作为五子棋或是飞行棋的棋盘，再多准备一些小石头就能一副完整的迷你棋盘了。

🕐 30分钟
🔵 简单

1. 在旧布的两端贴上透明胶并将其折叠，然后用熨斗熨平。这样就能自然地防止边缘松散开。
2. 在布上用尺子和针织布专用笔绘出棋盘的模样。
3. 将橡皮切成棋盘的一个格子大小，将其沾了染料后印在画好的棋盘格子上。

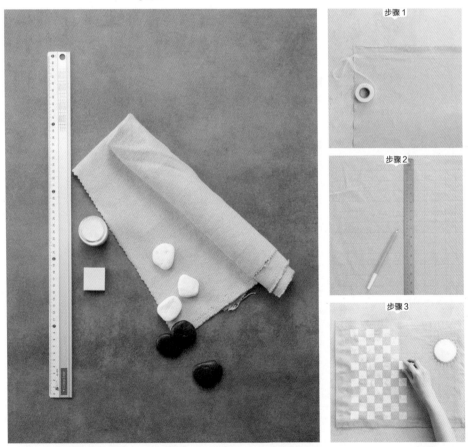

步骤1

步骤2

步骤3

Ⓡ 制作一件所需物品：尺子、针织布用笔、布、橡皮、针织布用染料、黑色石子、白色石子、透明胶、熨斗

散发着咖啡馆气息的
砖制书立
BRICK BOOKEND

　　所谓的"书立"就是指将书册摆放在书架上时，用于防止最后一本书倒下的工具。将砖头稍加装饰，就能制作出一个看起来不错的书立。如果装饰得漂亮，更能成为一个极具实用性的装饰品。试想一下，在桌子上摆放些书，然后将书立放在其左右，这样的布景会瞬间让我们仿佛置身于咖啡馆之中。

🕐 **30分钟**
⏱ **简单**

1. 将毛毡裁剪成砖头某一面的大小，然后用胶黏剂将其粘到砖头上。
2. 将粘有毛毡的一面作为书立的底部，然后在砖头上部用胶黏剂粘上剪好的人造草皮。
3. 在人造草皮上面可以放置一些漂亮的装饰品。

ⓡ 制作两个所需物品：两块砖头、人造草皮及毛毡适量，喜欢的装饰品、胶黏剂、剪刀

— TIP —
人造草皮可以在卖壁纸的店铺中购买到。

无法抛弃的
彩色花瓶
PAINTED BOTTLE

本次的课程是为那些热爱花瓶的人特别准备的。即使花一整个星期的时间来整理旧物，家中还是会被玻璃瓶塞得满满的。就那么将它们扔掉会觉得很可惜，因而就萌生了将这些漂亮的玻璃瓶重新改造的想法——向玻璃瓶里面刷油漆。制作了几个后将它们排成一排摆在家里，刹那间它们就变成了非常不错的室内装饰品。我们可以按照季节的不同给它们涂上不同的颜色，这样就能够打造出符合气氛的装饰品了。

PAINTED BOTTLE

Ⓡ 制作2~3个所需物品：空玻璃瓶2~3个、水溶性调和漆适量

如果觉得调和漆的颜色太过厚重，可以在其中稍微加一些水来调和。使用彩色玻璃用的染料来代替调和漆也是不错的选择。它的颜色更为绚丽且更加具有透明感，更能突出玻璃的美丽质感。

🕐 20分钟
🔘 简单

步骤1

步骤2

步骤3
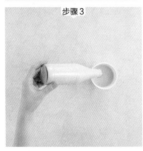

1. 在空玻璃瓶内倒入水溶性调和漆。
2. 摇晃玻璃瓶，使玻璃瓶内部的调和漆能均匀地涂好。
3. 将玻璃瓶内剩余的调和漆倒出，使其彻底干透。一个花瓶就制作完成了。

—— TIP ——
将大小、形状不同的玻璃瓶放置在一起会更加具有美感，平时请多注意收集饮料瓶吧。

从廉价到高品质的
蛋糕托盘 & 鸡蛋托盘
CAKE STAND & EGG STAND

很多路边小店都会卖一些价格低廉的物品，这是我非常喜欢逛的地方。店里面产品的种类很多，特别是玻璃制品的品质非常好，完全不亚于在高级室内装修店里面的产品。我非常喜欢用在这些小店购买的玻璃品来DIY，其中最常制作的就是蛋糕托盘和鸡蛋托盘。在玻璃碗的下面粘一个玻璃杯，这样，一个不亚于在商场售卖的蛋糕托盘和鸡蛋托盘就制作完成了。将这样的物品在饭桌上摆放一两个，瞬间就可以使平淡的饭桌变丰富起来。让我们大胆地尝试利用陈旧的玻璃杯和碗来打造别具一格的物品吧。

CAKE STAND & EGG STAND

® 制作一个所需物品：玻璃器皿1个，玻璃杯2个，环氧树脂

我们要做的鸡蛋托盘可以理解为将摆放生鸡蛋托盘的其中一个拆下，然后单独摆放在餐桌上。这个东西在中国可能不常用到，但在诸如英国等西方国家中却普遍使用。即使在桌子上单独摆放一个这样的鸡蛋托盘，也会带来在酒店里吃早餐一样的感觉。

ⓣ 20分钟
ⓛ 简单

步骤1

1. 在玻璃杯底座涂满胶黏剂。

2. 将玻璃碗倒过来后，将涂满胶黏剂的玻璃杯放置到玻璃碗的中央处并使其紧紧粘合。

3. 按照其大小的不同，可以随意将其活用为鸡蛋托盘或是蛋糕托盘。

— TIP —

必须要注意将胶黏剂涂在玻璃杯的底座处而非其杯口部位（即嘴唇接触的部位），这样才能粘合得更加牢固。

打造不同感觉的
瓷砖茶盘
TILE TRAY

　　我们可以在超市买到价格低廉的木质茶盘，而只要在木质的茶盘上贴一些亮晶晶的瓷砖，就能制作出一个新的茶盘。像这样在原有的物品上稍稍加上自己一点小小的创意，不用花大价钱,就能打造出别具一格的物件。虽然最开始动手做的时候可能会感到有些迷茫，但只要熟练了以后，就能自然而然掌握其要领了。

⏱ 30分钟
🕐 简单

1. 将瓷砖长度切割成茶盘的长度。

2. 利用胶枪将瓷砖粘在茶盘上面。

3. 在纸杯中倒入少量用于装饰瓷砖的水泥，加入少量水调和后（水量依膏体糊度调节），将其涂满瓷砖，最后用纱布或纸巾擦去。

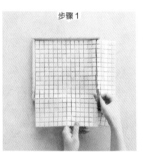

步骤1

步骤2

步骤3

Ⓡ 制作一个所需物品：木质茶盘1个、样式精美的瓷砖、胶枪、用于装饰瓷砖的水泥、纸杯、纸巾或纱布、适量水

　　众所周知，石蜡蜡烛对人体有害，因此大豆蜡烛开始逐渐被世人所关注。使用从大豆中提取出来的大豆蜡取代石蜡不但可以除去有害物质，还能除去燃烧石蜡散发出的烟雾，甚至还会隐隐散发出持久的香气。这种蜡烛不仅有除臭的效果，还能为你带来享受精油疗法的愉悦，另外不得不提的是它在燃烧的时候能够发出"噼里啪啦"的声响。让我们将这种噼里啪啦的蜡烛送给我们所珍惜的朋友，点亮他们的夜晚。

SUMMER DAY 5
大豆蜡烛课程

Tea Cup Candle | TEALIGHT CANDLE | COOKIE CUTTER CANDLE

散发满满香气的

茶盏蜡烛

TEA CUP CANDLE

不同香气的蜡烛会散发出不同的魅力，而不同的蜡烛容器则会给我们的生活带来不一样的情调。下面让我们利用碎掉的茶盏或被废弃的玻璃杯来制作蜡烛吧。不同的杯子会带来不同的感觉，不同风格的容器搭配不同的香气会让蜡烛更具特色。

🕐 1~2小时（凝固时间为 1天）

🎚 中等

1. 将大豆蜡放入蒸馏烧杯中。

2. 将水倒入小汤锅中烧开，然后倒入1中蒸馏。

3. 在烧杯中插入温度计，当温度达到70℃时停止加热，用余温使大豆蜡完全熔化。

4. 当温度降至50℃时，向烧杯中加入自己喜欢的精油并加以搅拌（精油的量占总量的7%~8%）。

5. 在茶盏的中央位置立1根灯芯，然后将熔化的蜡溶液倒入其中并放置1天。在其下面用图片中的干花草来固定灯芯是一个不错的选择。

步骤5

— TIP —
可以在杯子残破的部位贴上双面胶，然后在上面粘上一些蕾丝加以装饰。

ℝ 制作一个所需物品：大豆蜡100g、灯芯1根、精油7~8g、滴管、茶盏、蒸馏烧杯、小汤锅、温度计

纸杯活用的
茶烛
TEALIGHT CANDLE

　　小蜡烛又可称为"茶烛"，我们可以制作多个，这样在使用的时候不会担心随时燃尽，另外将它送人也是一个不错的选择。选择烘焙用的纸杯来制作的茶烛，其形态极其可爱别致。这次让我们来试着使用木制灯芯，木制灯芯在点燃时会发出"噼里啪啦"的声响，更能增加趣味性。

⏱ 1~2小时（凝固时间需一天）

📊 中等

1. 将木制灯芯截取较纸杯高度稍微高一点的长度，用夹子夹住后竖直放置到纸杯的中央部位。

2. 将大豆蜡放入蒸馏烧杯中，然后将其放在小汤锅内蒸馏。

3. 在烧杯中插入温度计，当温度达到70℃时停止加热，用余温使大豆蜡完全熔化。

4. 当温度降至50℃时，向烧杯中加入自己喜欢的精油5~6g并加以搅拌。

5. 将4放入准备好的纸杯中，并放置在一旁使其凝固，此过程大约需要1天左右。

Ⓡ 制作四个所需物品：烘焙用纸杯4个、大豆蜡80g、木制灯芯及夹子各4个、喜欢香型的精油5~6g、滴管、蒸馏烧杯、小汤锅、温度计、剪刀

可爱而独特的
饼干形状蜡烛
COOKIE CUTTER CANDLE

如果你厌烦了那些平淡无奇的蜡烛，那就让我们一起来做一些风格迥异的姜饼人蜡烛吧。这一点都不难。只要使用饼干模具就能非常容易地制作出姜饼人形状的蜡烛。此外，还可以使用其他类似花、大树形状的饼干模具，这样制作出来的蜡烛会异常可爱，你可能都会舍不得点燃它。

⏱ 1~2小时（凝固时间为一天）

Ⓛ 中等

1. 将粘土用擀面杖推平，将饼干模具压在上面。

2. 在饼干模具中央插入灯芯。

3. 将大豆蜡放入蒸馏烧杯中，然后将其放入小汤锅中蒸馏。

4. 在烧杯中插入温度计，当温度达到70℃时停止加热，用余温使大豆蜡完全熔化。

5. 当温度降至50℃时，向烧杯中加入自己喜欢的精油2~3g并加以搅拌。

6. 将5中的物质倒入饼干模具中，然后让其自然凝固，此过程大约需要一天左右。当蜡烛彻底凝固后，将蜡烛从饼干模具中取出。然后将其底部的粘土也一并取下来。

7. 将其放入一个小碗中，然后就可以点燃蜡烛了。

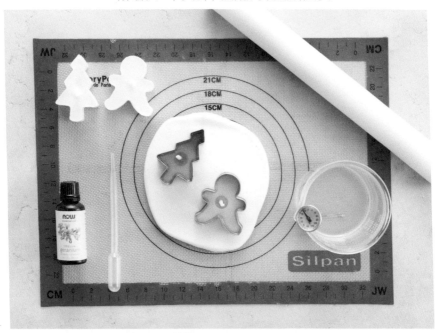

Ⓡ 制作2个所需物品：自己喜欢的饼干模具、灯芯2根、大豆蜡40g、精油2~3g、滴管、温度计、蒸馏烧杯、小汤锅、粘土（1/2份）、擀面杖

CHAPTER 3

秋的某一天

　　曾经，我因为不喜欢鲜花凋谢太快，在收到花的时候会立刻将其烘干。而现在的我则是完全爱上了干花，所以在烘干的过程中会小心又仔细。毫无疑问，鲜花是美丽的，不过脱过水的花其魅力也不容小觑。让我们偶尔也尝试欣赏一下脱水后那沙沙作响的干花魅力吧。当然，我们也可以选一些假花来加以装饰，只要不再一味地认为只有鲜花最好，赏花的境界就将会更进一步。

秋天的花卉课程

SACHET | FLOWER BALL | ORANGE POMANDER

收纳干花的

香囊

SACHET

　　香囊是将烘干的花瓣放入小的口袋里制作而成的。花瓶里的鲜花即将凋谢的时候，将花朵整个剪下后放在阴凉处使其自然风干，这样做出来的香囊会给人完全不同的感觉。虽然可以将花放入经过100℃以下的低温烤箱中烘烤一小时来快速风干，但这样做可能会出现脱色的情况。

🕙 40分钟
👍 简单

1. 在布上放一点干燥的花卉，然后喷1~2滴精油。
2. 将布的边角整齐的捿进去，然后用绳子或彩带将其捆住密封好。
3. 将烘干的花卉放入玻璃瓶中，并可以用布将其装饰一下。

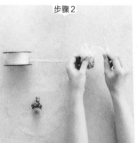

步骤2

步骤3

Ⓡ 制作一个所需物品：蕾丝布袋或玻璃瓶、彩带或绳子、干花、精油、剪刀、滴管

用假花制作而成的

花球

FLOWER BALL

如今，有许多不比鲜花逊色的假花出现在人们的眼前。事实上，制作精美的假花甚至会比鲜花的价格更高。个人认为与其一味地无视假花，不如好好培养一下自己欣赏假花的兴趣。下面就让我们尝试一下使用假花制作花球吧。

Ⓣ40分钟
Ⓛ简单

1. 将假花花茎剪至3cm左右。
2. 将胶水用胶枪喷在花枝上，并将其紧密地插在用于制作花球的泡沫塑料上。
3. 花球制作完成后可以将彩带用胶枪连接起来，然后将其挂在自己想挂的位置。

Ⓡ 制作一个所需物品：制作花球所用的塑料泡沫、假花、胶枪、剪刀、彩带

令人心情愉悦的柠檬香

橙子香盒

ORANGE POMANDER

在一些欧美国家，每当秋季来临时，用橙子和丁香制作的香盒非常受欢迎。将橙子香盒放在一个角落里，可以使我们整个秋天都能感受到清新自然的香气。丁香可以在超市的食材区购买到。

● 40分钟
● 简单

1. 将丁香按照自己喜欢的模样插在橙子上。
2. 可以制作多个放入篮子中，然后将其放置在家中某一角落。橙子如果变干则可以扔掉重新制作。

R 制作一个所需物品：橙子、丁香（适量）

TIP

将丁香插在橙子表面时，可戴上手套或是使用顶针，避免刺痛手指。

Bling-bling的金色课程

在普通的小物件上稍稍镀上一层金漆，稀松平常的物件就会变得光彩夺目。但是如若用量控制不好，金色也会给人厚重坚硬的感觉。此时可以搭配一些类似陶瓷等让人感到柔和的材料，这样做不但显得随性自然，还会让人觉得富有高档情调。下面就来介绍一下充斥着金光闪闪魅力气息的课程吧。

在想要重点强调的地方着色
金色工程
GOLDEN OBJECT

　　让我们给周围各种各样的物品镀上一层金色吧。蛋糕托盘、相框、玻璃杯、装饰品等想要强调的地方。只要用毛笔随意涂几下就可以了，像这样做几次后就能逐渐领略到金漆的魅力。

🕐 20分钟

📊 简单

1. 在蛋糕托盘上贴上绝缘胶带。
2. 用金漆将整个盘子涂满后，将胶带撕下来，并让金漆充分变干。
3. 在相框一类物品想要重点突出的位置上涂上金漆。

步骤2

TIP
我们可以在画廊买到金色颜料，也可以直接在网络上购买颜料，价格会更加低廉，色彩效果也不错。

Ⓡ 制作1~2个所需物品：需要上漆的物件、蛋糕托盘、金色颜料或金色油漆、毛笔、绝缘胶带

按压纸张的漂亮
砾石镇纸
PEBBLE PAPERWEIGHT

　　将砾石活用为镇纸是一个非常不错的点子。虽然直接将其放到纸上也很漂亮自然，但如果将其刷上金色染料，则会刹那间变得光彩夺目。砾石镇纸也可以当成装饰用品使用，制作多个放在陶瓷碗中或是随手放在其他任何地方，都会让人眼前一亮。

🕐 **30分钟**
🕐 **简单**

1. 用毛笔蘸取金色染料后均匀地涂在砾石表面。不要一次全部涂上去，可以先涂一面，等其完全干透后再涂另一面。
2. 待其全部干透后就可以放在纸张上使用了。

— TIP —
如果没有砾石，可以去园艺店购买。

Ⓡ **制作一个所需物品：砾石适量、金色染料、毛笔**

能够使每个人微笑的
栎实餐巾圈
ACORN NAPKIN RING

　　秋季，我们在散步的时候经常能看到掉落在路上的栎实。将其捡起后觉得可以利用它制作出些新东西，然后就试着在上面涂了点金漆制成了餐巾圈，真的与百货商场中陈列的高档餐巾圈没什么区别。每当有人问起我这么漂亮的东西是在哪里买到的时候，真的开心得不得了。

ACORN NAPKIN RING

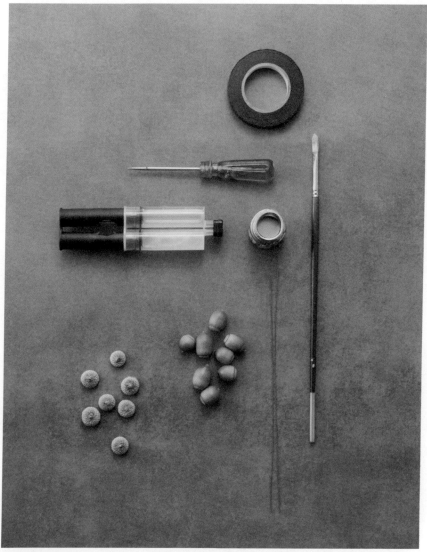

® 制作8个所需物品：印花胶带、锥子或针、胶黏剂或胶枪、金色染料、毛笔、栎实8个、铁丝、装饰用的假树叶（适量）

我们所了解的栎实一般都是指西式栎实。东方栎实外壳更为粗糙且有一些尖尖的突起，虽然可能会给人粗笨之感，但却也因此而别有一番韵味。这两种都很容易在路上捡到，就让我们好好感受一下它们各自的魅力吧。

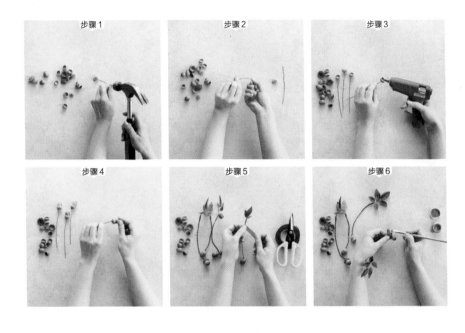

步骤1　步骤2　步骤3

步骤4　步骤5　步骤6

⏱ 1小时
📊 中等

1. 用针或锥子将栎实壳剥掉，稍稍敲打后使其出现窟窿。
2. 将两根铁丝拧成一根。
3. 用胶枪将铁丝固定在栎实壳的窟窿处。
4. 用胶枪将栎实壳和栎实粘到一起。
5. 在铁丝的一端粘上树叶，并用印花胶带将铁丝全部缠起来。
6. 在栎实表面涂上金漆，然后静置使其完全干透。

—— TIP ——
如果不在栎实表面涂金漆，让其保持本来的颜色，会给人自然本真的感觉。

适合情侣使用的
字母杯
INITIAL CUP

将印有字母的杯子送人、当作情侣杯来使用或是送给想要感谢的人，用它来传达自己心中的感情都是非常不错的选择。其制作方法看起来虽然有一些复杂，但如果真正尝试了就会发现并不是很难。在杯身装饰不同的罗马字母也是非常漂亮的。

INITIAL CUP

Ⓡ 制作一个所需物品：金纸（金箔纸）、纸巾或纱布、金纸黏合剂、金纸抛光剂、毛笔、绝缘胶带、白色杯子一个、玻璃用水粉笔

🕐 1小时
🔆 稍难

　　本次课程可以使用超市中卖的基本款的杯子。然而仅仅将金箔纸贴在上面，也会使那种"廉价"的感觉消失得无影无踪，如果你比较心仪简洁风，则可以选择使用白色的瓷杯，而如果你喜欢时尚气息，则可以选择使用黑色的瓷杯。

步骤 2

步骤 3
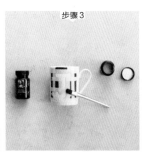

步骤 4

步骤 5

步骤 6

1. 将杯子清洗干净后，用玻璃专用水粉笔在上面写上字母。
2. 将字母的边缘用绝缘胶带仔细贴好后，将多余的水粉印记用棉布擦干净。
3. 将金纸黏合剂用毛笔涂于粘有水粉的字迹上。
4. 30分钟后将金纸贴在字迹上面。
5. 用纸巾或纱布仔细地按压金纸表面使其粘牢，然后将没有涂黏合剂的部分裁剪下来。
6. 将绝缘胶带撕下来，然后用毛笔蘸取金纸抛光剂涂于金箔的表面。

万圣节课程

WITCH'S BROOM | BAT & HAND MASK | HALLOWEEN PUMPKIN | EARTHWORM CAKE

　　近年来在中国也很流行过万圣节。有人会疑问究竟是否有必要完全按照西方的方式来过节，就我个人而言，我是比较喜欢按照西式民俗来过节的，但我们完全没有必要太过执着于东西方的差别。我一直都很喜欢过万圣节，因为它不但能让我和孩子们一起制造回忆，还能使自己再次体会到那种童趣。下面就来介绍一下举办万圣节派对时制作一些饰物的技巧。

多种用途的

女巫扫帚
WITCH'S BROOM

    用牙签和彩纸简单制作而成的女巫扫帚，无论将其放在何处，都会让人觉得十分有趣；当然，将它插在苹果这类的水果上，制成果盘放在桌上也是一个不错的选择。让我们多做几个，将它随手插起来吧

⏱ 15分钟
📊 中等

1. 将彩纸裁成长6cm，宽15cm的长方形。
2. 将彩纸横着放置，并将下面部分每隔1~2cm剪一次，长度为3~4cm。
3. 将彩纸的上面部分每隔1~2mm剪至0.6~1cm左右。
4. 用双面胶将牙签的一端薄薄地贴一层，然后将彩纸缠在上面并粘牢。
5. 用双面胶将末端固定后用绳子将其缠起来。

Ⓡ **制作一个所需物品：彩纸1张、剪刀、双面胶、绳子、牙签一根**

重返童真年代的剪纸游戏

蝙蝠&手持假面

BAT & HAND MASK

黑色纸张的魅力在于它可以无穷无尽地变化。在制作万圣节时也是如此。有时,你仅仅只需随意用铅笔画上几笔然后剪下来,一个不逊于蝙蝠侠风范的蝙蝠就制作完成了!而如果你在上面画一个胡子形状,然后将其剪下来贴在长木棍上,一个能够让自己完美变身的手持假面就制成了!尝试着去打造专属自己的剪纸吧。当然,跟孩子们一起制作也是一个不错的想法。

BAT & HAND MASK

® 制作一个所需物品：黑色纸、双面胶带、剪刀、铅笔、玩具眼睛、适量长签

⏱ 20分钟
🎚 简单

每个人对于万圣节道具的想法都有所不同，我们完全可以随心所欲发挥自己的创意。万圣节的魅力就在于我们可以尝试一些日常生活中难以让人接受的怪异造型。

步骤1

步骤2

1. 在黑色纸张上用铅笔画出蝙蝠形状并将其剪下来，然后可以将它随意贴在任何地方。如果在上面贴上玩具眼珠，则会让人觉得更为有趣。

2. 在黑色纸张上画出胡子的形状并将其剪下来，用双面胶将其贴在小木棍上。

— TIP —
贴在蝙蝠上的玩具眼球可以
在网络的手工艺店中购买。

请铭记，十月的最后一个夜晚

万圣节南瓜

HALLOWEEN PUMPKIN

　　每当在市场看见大南瓜都会觉得心潮澎湃，因为这让我想起了在万圣节制作南瓜灯。南瓜灯的制作方法非常简单：将南瓜瓢挖出来，然后放上一根蜡烛，最后在上面随手画上笑脸或狼头及其他鬼脸就完成了。

🕐 **40分钟**
🔆 **中等**

1. 将老的南瓜根部切除，用勺子将内瓢全部挖出来。
2. 用铅笔在南瓜表面画一张笑脸。
3. 沿着图案用刀子刻出笑脸后，将蜡烛放在南瓜里面。

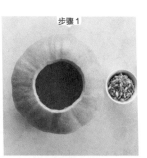

步骤 1

步骤 2

步骤 3

Ⓡ **制作一个所需物品：老的南瓜一个、刀子、蜡烛、勺子、铅笔**

丑萌丑萌的
蚯蚓蛋糕
EARTHWORM CAKE

在举办万圣节派对的时候，可以准备一些更有趣的东西，使派对的气氛更加轻松愉快。下面介绍一种在超市就可以买到的现成点心简单制作出来的派对零食——蚯蚓蛋糕。该蛋糕将蚯蚓软糖插在了蛋糕上，样式丑萌可爱，十分受大家的欢迎。

🕐 30分钟
🕑 中等

1. 在巧克力派上涂一层鲜奶油，将蚯蚓软糖放在上面，并让其露出一部分来。
2. 按照上面的方法将派、鲜奶油、蚯蚓软糖层层叠起来。
3. 最后将奥利奥曲奇压碎后洒在上面，并插上棒状饼干加以装饰。

Ⓡ 制作一个所需物品：奥利奥饼干、蚯蚓软糖、长的棒状饼干、鲜奶油、巧克力派

173

　　时光流逝，却带不走女孩子们对于某些物品的喜爱，珍珠就是这些物品当中的一种。虽然珍珠不会像其他宝石那样发出耀眼的光芒，但却在用温润的光泽低调地向他人传达着自己的存在感。本次的课程相信一定会受到广大女同胞的欢迎。让我们跟随自己的心，与珍珠来一场美丽的邂逅吧！人造珍珠对于我们而言既经济又美观，所以我们将用人造珍珠制作为我们的生活增添光彩的新物品。

珍珠改造课程

PEARL NAPKIN RING | PEARL DOUBLE VASE | PEARL CHARM BAG

如优雅公主一样的餐桌上的
珍珠餐巾圈
PEARL NAPKIN RING

在摆放餐桌的时候，餐桌的氛围会因餐巾圈的不同而变化。当使用珍珠餐巾圈时会使晚餐变得端庄高雅且极具品味。不同的珍珠工艺品会给人带来不同的感受，本课用黑色丝带绑起来的珍珠会给人优雅飘逸却不浮夸之感。

PEARL NAPKIN RING

® 制作5~6个所需物品：人造珍珠若干、丝带、钩鱼线、针、剪刀

⏱ 30分钟
📊 中等

人造珍珠的价格比较低廉,且大小不一,形态各异,很适合搭配。

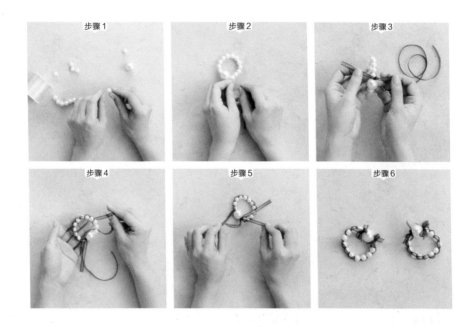

1. 用钓鱼线将珍珠串起来。
2. 串到一定长度时在末端打结。
3. 在珍珠缝隙间绑上丝带。
4. 隔一个珍珠后在下一个珍珠缝隙间绑彩带,此动作重复进行一圈。
5. 转一圈后打一个扣,然后系上漂亮的丝带。
6. 重复以上步骤可制作多个餐巾圈。

TIP
人造珍珠可以在网店、批发市场等处购买到。

华丽贵气的
珍珠双层收纳盒
PEARL DOUBLE VASE

　　将两个不同大小的玻璃杯叠放在一起，并在二者之间铺满珍珠，一个高档精致的收纳盒就制作完成了。将其放置在距离门口的柜子上，可以把钥匙一类容易忘记的东西放到里面，或是将其当做手机支架来使用，可给人以奢华的感受。

🕐 20分钟
📊 简单

1. 将两个大小不同的玻璃杯叠放在一起。
2. 将大小不一的珍珠填至玻璃杯间的空隙中。

Ⓡ 制作一个所需物品：大小不同的玻璃杯两个、珍珠适量

散发着隐隐风姿的
珍珠提包
PEARL CHARM BAG

　　珍珠是低调而又完美的装饰物品。用毛毡制成手提包后，可以用珍珠制成包带或装饰物，一个普通的包包刹那间变得精美别致。当然，即使不制作手提包，我们也可以在经常拿的包包上挂几个珍珠，这定会让你的包包看起来更加高档。

⏱ 1~2小时
📊 稍难

1. 可以参照下面图片中所示的尺寸用伯特孔缝制法（详见P215）缝制手提包。
2. 用钓鱼线将珍珠串成50cm左右的珍珠链，该珍珠链需制作6条。
3. 分别制作一根长为70cm和一根长为60cm的珍珠链。
4. 用凤眼打孔机在提包把手处打出孔后，将50cm长的珍珠链于此固定制成把手。
5. 剩余的珍珠链可以随意挂在上面做装饰。

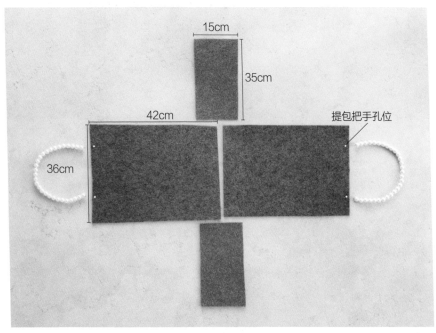

Ⓡ 制作一个所需物品：珍珠、丝带、钓鱼线、剪刀、凤眼打孔器、凤眼针、毛毡、剪刀、针和线

　　女孩们想要尝试亲手制作的东西有很多，其中肯定有一种是制作巧克力。事实上，巧克力对于温度、湿度等诸多条件非常敏感，在处理的时候有一定的困难。当然这里说的并非是超市中我们常能买到的那种"假巧克力"，而是指放入可可的"真正的巧克力"。下面就来介绍一下入门级别的"真正巧克力"的制作方法。即使不是在情人节，也希望大家能在日常生活中享受制作巧克力的乐趣。

巧克力课程

CHOCOLATE SPREAD | CHOCO PIE | PAVE CHOCOLATE

香甜恶魔来袭

巧克力酱
CHOCOLATE SPREAD

　　将制巧克力的主要原料的"调温型巧克力"与适量的鲜奶油均匀地搅拌在一起后不让其变硬，而是按照原来的形态保存起来，这样就制成了"家庭版能多益（巧克力品牌）"。制作一玻璃瓶份量的巧克力酱，将其放置在冰箱中保存起来，在吃吐司时可以用它来代替黄油或果酱。

🕐 **30分钟**
🔘 **简单**

1. 将调温型巧克力和鲜奶油按1:1的比例放入不锈钢锅中，然后将其放置在蒸锅中蒸。
2. 将其装入玻璃瓶中并放入冰箱中保存。
3. 将其均匀地涂抹在烤好的面包上即可食用。

Ⓡ 制作一份所需物品：调温型巧克力及鲜奶油1:1份量、硅制饭勺、蒸锅、不锈钢锅、玻璃瓶

TIP
调温型巧克力指的是制成品巧克力之前，处于正在加工状态的可可块。

在家制作的

巧克力派

CHOCO PIE

下面让我们来一起制作家庭版巧克力派吧。这里所说的是那种十分松软可口的巧克力派。我们可以亲手烤制玛芬蛋糕，然后将巧克力涂在上面。当然，如果觉得太过麻烦，可以在超市直接购买玛芬蛋糕，然后将其切成圆形即可使用。

⏱ 1小时
📊 中等

ℝ 制作一份所需材料：玛芬蛋糕适量、调温型巧克力及鲜奶油1:1份量、纱网、食用金箔纸、不锈钢碗、蒸锅

1. 将调温型巧克力和鲜奶油以1:1的比例放入不锈钢碗中，然后将其放入蒸锅中蒸煮。

2. 将玛芬蛋糕上面部分切平整后，放置在纱网上备用。可以在超市购买玛芬蛋糕，如欲亲自烤制，可参考P241中有关玛芬蛋糕配料的相关介绍。

3. 将1中制作好的巧克力均匀地涂在玛芬蛋糕表面，然后放置在一旁待其变凉。

4. 可在上面放置少许食用金箔以作装饰。

—— TIP ——
在蒸制巧克力时，应注意不要让蒸锅中的水进入到不锈钢碗中。

像巧克力专家亲手制作的

松露巧克力

PAVE CHOCOLATE

　　将半甜的巧克力和鲜奶油混合凝固后制成的巧克力称为"甘纳许"。而将其切成砖块模样,在上面撒一些可可粉后,就变成了松露巧克力。与普通坚硬的巧克力不同,它的口感松软纯正,使人欲罢不能。让我们一起为下一个情人节,亲手制作一份这样的巧克力吧。

🕐 1~2小时
Ⓛ 中等

Ⓡ 制作一份所需物品:调温型巧克力及鲜奶油1:1份量、刀、可可粉、方形模具

1. 将调温型巧克力和鲜奶油以1:1的比例放入不锈钢碗中,然后将其放入蒸锅中蒸煮。

2. 将1中的巧克力倒入方形模具中,然后放入冰箱。

3. 一小时后将巧克力取出,并在合适的位置用刀切割。如果想使其形状更为自然,可以用手轻微捏几下。

4. 最后将可可粉洒在上面。

— TIP —
由于松露巧克力对于温度和湿度十分敏感,因而不要将其放在塑料袋中。以在上面撒一些可可粉,然后放到盒子里为佳。

CHAPTER 4

冬的某一天

　　冬季可以尝试装扮一些充满季节气息的花卉。不要再像以往那样只是随便插几朵鲜花，可以尝试用松塔或者棉花，打造出迥然不同的风格。在装饰圣诞树时，可以制作几个花环挂上，一定会使圣诞树变得更加漂亮。在不同的季节，如果能常常用当季的花卉制作一些应景的装饰品，就会发现生活的美好。

冬天的花卉课程

SUGAR CONE | LEAF WREATH | COTTON FLOWER WREATH

WINTER FLOWER CLASS
01

与雪花相映成趣的
砂糖松塔
SUGAR CONE

　　就我个人而言，最喜欢的天然材料有两种，一个是栎实，另一个就是松果。特别在冬季装饰中，松果是必不可少的。就算随乎放在花盆或花瓶旁边，也会看起来十分漂亮。而将其挂在圣诞树上，更是相得益彰。那么用这样的松果，打造出充满冬日气息的氛围怎么样呢？而制作出看似朴素，实则华丽的雪花，秘诀就在于砂糖。

SUGAR CONE

制作5~6个所需物品：松果5~6个、砂糖、糖粉、毛笔、水适量

⏱ 30分钟
📊 中等

将砂糖松果满满地铺在玻璃碗或蛋糕托盘上面，然后将其摆放在餐桌上。其美丽程度丝毫不逊色于派对上的装饰。而在其周围再撒一些砂糖，会让人感到这些松果仿佛置身于雪中。这样一个装饰大约能保存一个月左右。

步骤1　步骤2

1. 在路旁拾一些掉落的松塔，将其仔细拍打干净，然后放在太阳下充分晒干。
2. 将糖粉放入水中溶解，使其呈粘稠状，然后用毛笔蘸取一些，刷在松果上。
3. 将松果放入盛有砂糖的碗中，摇晃碗使其滚动。

—— TIP ——
将松果洗干净泡入水中并置于家中角落处，可变成天然加湿器。

给萧索的冬季带来一丝温暖的
树叶花环
LEAF WREATH

　　将花、树枝拧成一个圆环制作而成的装饰品被称"花环"。虽然圣诞节花环极为常见，但关于花环的制作材料却是多种多样的。在不同的季节选用不同的材料制作花环是一个非常不错的想法。这个冬天，让我们放弃那些稀松平常的圣诞节花环，来制作一些充满绿色清新气息的树叶花环吧。只要稍微使用一点假花加以装饰，即使是初学者也能轻松制作出漂亮的花环。

LEAF WREATH

🅡 制作一个所需物品：绿色树枝（或假花）一支、果实树枝（或假花）一支、铁丝适量、钳子、丝带

⏱ 1小时
📊 中等

人们通常将花环挂在墙上或是门上。小一些的花环常挂在门上，有时也会在里面放上蜡烛，摆在桌上加以装饰。桉树具有防虫效果，将其制作成花环挂在家中，不但可以起到装饰的作用，在某种程度上还具有一定的实用价值。

步骤2

步骤3

1. 将一大束绿色树枝分成8~10支小的树枝。
2. 将中间的部分适度地掰弯，并用铁丝将其捆起来。
3. 果实树枝也用铁丝捆绑起来。
4. 将它们一点点连接起来，直至出现圆形的花环模样。
5. 制作出花环的形状后，将其挂起来以作装饰。

—— TIP ——
在购买用于装饰花环的假花时，必须确认其是否可以自然地弯曲。

温暖的冬季花
棉花花环
COTTON FLOWER WREATH

　　花环，无论在哪个季节都可以制作，而与其最为适合的季节就是冬天。树叶花环会给萧瑟的室内注入一丝清新的气息，而棉花花环则会带来些许温暖。那么现在就让我们用温暖且柔软的花环给我们的家"加温"吧。将纯白的棉花花束制成一个能使人身心皆感温暖的花环，较一般的花环要更加特别，看起来也更加的可爱且显得高档。就让自己亲手制作的花环伴随我们度过冬天吧。

COTTON FLOWER WREATH

® 制作一个所需物品：棉花花枝8~10支、树枝花环、剪刀、胶枪、丝带适量

棉花仅成熟于秋冬两季，我国是世界上少数几个棉花高产的国家，从网上可以买到处理过的棉花枝，每一束花大约有 5 ~ 6 个枝杈，价格也比较合理。

⏱ 1小时
🔆 中等

步骤1

1.将棉花从棉花枝上摘下来，然后用胶枪将其一朵朵粘在树枝花环上。

2.在中间空隙处系上丝带以作装饰。

3.将其挂起来装点墙面。

毛毡所具备的温暖质感，带给人一种与冬天非常契合的感觉。毛毡价格很便宜，用低廉的材料就可以制作出如此高档的东西，每每想起来都觉得十分神奇。每次去批发市场买毛毡，其合理的价格和多彩的色泽都会让我非常开心。

WINTER DAY 2

毛毡课程

FELT GARLAND | WINE BAG | TUMBLER WARMER | FELT WREATH

极富厚重感的
毛毡拉旗
FELT GARLAND

最近，拉旗非常流行，它可以由各种各样的材料制成。用不同颜色的纸可以做出拉旗，其外观很精美。这次我们可以用毛毡来制作拉旗，它不仅充满了一种简约美，还让人觉得很温暖。这种风格更加适合成年人。

FELT GARLAND

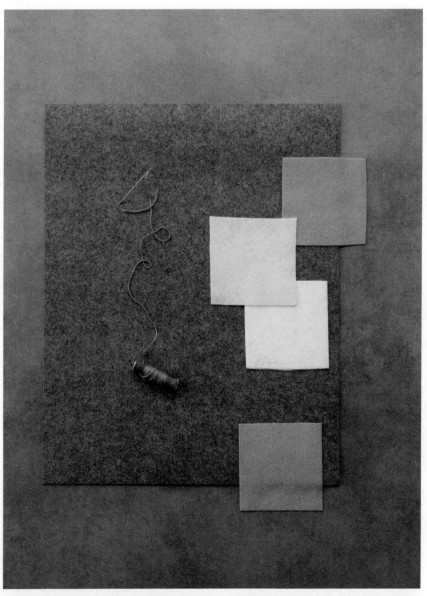

☺ 制作一次所需物品（毛毡制作共同需要的材料）：不同颜色的毛毡适量、线、针、剪刀、凤眼打孔器、黄纸板、绳子或丝带适量、胶枪

🕐 1小时
📊 中等

人们通常将拉旗一排排地挂在天花板处，但这并不意味着它只能挂在那里。把它缠在沙发或是椅子上面也别有一番风味。而如果我们在旗子上面写上自己想说的话，然后再挂起来，也不失为一种具有个人特色的装饰。

步骤1

步骤2

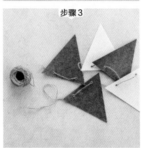
步骤3

1. 将黄纸板剪成三角形，然后按照黄纸板的大小裁剪毛毡。
2. 用凤眼打孔器在毛毡两端各打出两个孔。
3. 将其用绳子或是丝带连接起来，挂在需要装饰的地方。

— TIP —
不用非得剪成三角形，制成圆形、花形等不同的形状也是一个不错的选择。

适合作为新年礼物的
红酒袋
WINE BAG

　　用毛毡制成红酒袋，在里面放一瓶红酒作为礼物送给别人，会让礼物看起来更加高档。不同厚度的毛毡价格不同，薄一些的较为便宜，越厚则价钱越高。虽然我们可以在普通的小商店中买到毛毡，但如果想要买到不同颜色的毛毡，则可以选择去批发市场。

🕐 **30分钟**

🔵 **中等**

Ⓡ **参见P212**

1. 按照红酒的长度裁剪毛毡。
2. 用伯特孔缝制法将周围缝合起来。

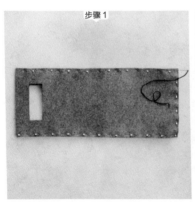
步骤 1

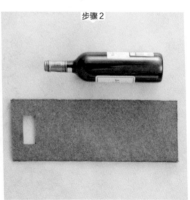
步骤 2

伯特孔缝制法 Buttonhole Stitch

该缝制法适合在将两张毛毡缝起来或是整理物件边缘时使用。将两张毛毡对齐后，将原本处于后面的线拉到前面然后拽紧，这样就完成了。

握在手中感觉非常棒的
隔热杯套
TUMBLER WARMER

每当把外带咖啡上面的纸杯套扔掉的时候，不知怎地，会感到不忍心。因为在喝咖啡的时候，会产生"不能总是制造垃圾"的想法。而如果使用毛毡来制作杯套，则可以避免垃圾的产生。我们可以把它送给朋友，一定十分受欢迎。

🕐 1小时
🄻 中等
Ⓡ 参见P212

1. 首先，将毛毡按照杯子的大小进行裁剪，让其能够绕杯子一周。

2. 将剪好的毛毡围在杯子上，用大头针将其固定，并将剩余部分剪掉。

3. 将毛毡的两端用伯特孔缝制法缝起来（详见P215），用毛毡剪成放有名签的长方形名签框，然后将其缝在上面。或是在上面钉上纽扣加以装饰。

步骤1
步骤2

步骤3
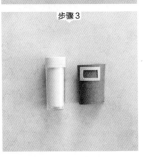

TIP
由于毛毡的厚度是不同的，所以我们可以根据自己的需求来选择不同厚度的毛毡，而在制作隔热杯套时，可以选择质地稍微厚一些的。

可以像相框那样挂起来的
毛毡花环
FELT WREATH

用毛毡制成的花环，完全不同于用花朵、植物做的花环，它会让人们感受到另一种不同的美丽。下面介绍一种方形花环的制作方法，它打破了以往圆形的固有模样，将毛毡做成不同的花朵形状，然后把它们粘成四边形的底框上。这样制作出来的物件就像相框一样，可以把它挂在墙上，也可以像拉旗那样挂起来。

⏱ 1~2小时
📊 中等
ℝ 参见P212

1. 将毛毡剪成圆形后，将多个叠放在一起，然后在其中间用针缝起来成为花朵状。将其他毛毡剪成长方形后，再将其剪成树叶或是稍长的形状，最后将其与花朵缝在一起。
2. 将毛毡剪成长条状并对折，将对折起来的一边缝起来后，另一边用剪刀剪开。最后将其缝合并固定起来，一个流苏就制作完成了。
3. 将毛毡剪成长条状并把一侧缝起来后，拽紧线的一头，就会形成自然的波浪，然后将其卷成花朵模样后，用针线固定。
4. 利用胶枪将1、2、3制作出的物件粘到四方形毛毡上加以装饰。

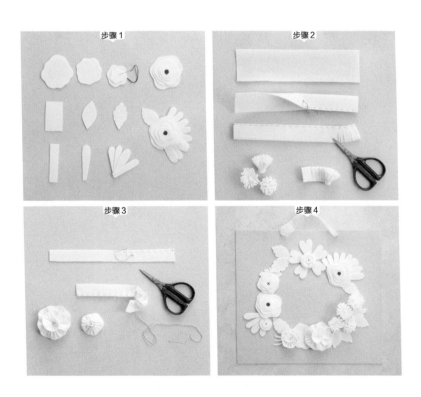

步骤 1　　步骤 2

步骤 3　　步骤 4

卡片课程

GLITTER CARD | BUTTON CARD | POP UP CARD

　　你一定记得，在寒冷的季节里曾熬夜制作过圣诞卡片。虽然现在可以用极为方便的电子邮件来代替过去的卡片、明信片及书信，但我们却经常怀念过去那些用歪歪扭扭的字体书写自己祝福的日子。希望这个新年，大家可以给自己想要感谢的人送上一张自己亲手制作的手写卡片。不要像从前那样买卡片写祝福，手工制作的卡片可以更好地传达自己的那份心意，这是很难用其他东西来代替的。此外，在制作卡片的过程中，还可以感受到更多的乐趣。

下雪冬季的
亮晶晶卡片
GLITTER CARD

　　所有的大人和孩子在圣诞节到来的这一天，都会想要收到礼物，可能正是因为这个原因，每当提到"圣诞节"这个词都会让人觉得很激动。在制作圣诞节卡片的时候可以尝试使用一些亮粉。这样，对圣诞节的喜爱之情和冬季下雪那种安静气氛就可以很容易地融于卡片中。此外，亮晶晶的东西都是很漂亮的，所以即使在制作时有一些小的失误，也无妨。

GLITTER CARD

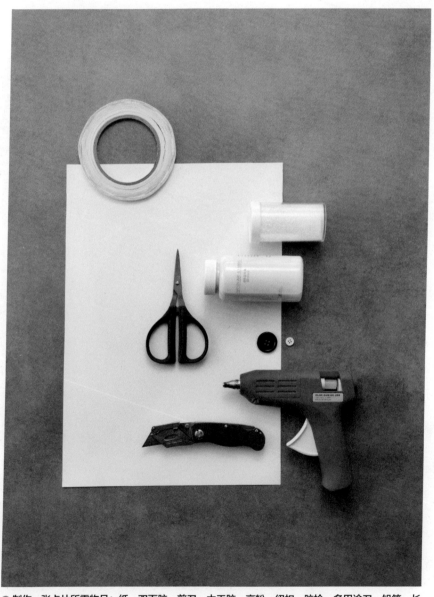

Ⓡ 制作一张卡片所需物品：纸、双面胶、剪刀、木工胶、亮粉、纽扣、胶枪、多用途刀、铅笔、长木棍、尺子、圆规、针和线

⏱ 40分钟
🔆 中等

虽然可以用一张纸来制作亮晶晶的卡片，但如果将两张纸重合在一起，可以制作出更具立体效果的卡片。在粘亮粉的时候，选择木工胶较好，最后将亮晶晶的物品仔细地粘起来。

 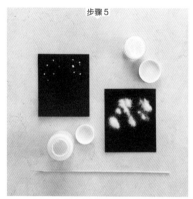

步骤2　步骤5

1. 将白纸剪成自己喜欢的大小，将其对折后在上面画雪人、树之类的底画。

2. 如果用刀沿着图画的外边缘线进行切割，可以使纸张的中间出现一定的空间。此时不可以将图画完全切下来，要保证图画底下部分不被切下来。

3. 在想要重点强调的位置（如雪人、树木等）涂上木工胶，然后在上面撒上亮粉。

4. 将黑色纸剪裁至与1中卡片大小相同，然后将其对折。

5. 将木工胶粘满尖的木棍，蘸上亮粉后点在黑色纸上，可以制造出下雪的氛围。

6. 将白色卡片和黑色卡片合在一起。

—— TIP ——
亮粉、亮晶晶的装饰物都可以在文具店购买到。

散发着怀旧气息的
纽扣卡片
BUTTON CARD

　　纽扣是一种非常漂亮的装饰品，可以把它放在任何地方加以装饰。将其用于卡片的制作也是非常不错的。我们可以尝试像图中那样把它们粘起来，当然如果觉得很难的话，将它们粘成四边形也会很漂亮。而密密麻麻地把它们粘起来，则会散发出一种怀旧的气息。从今天开始，把不用的纽扣都收集起来吧。

⏱ 40分钟
📊 中等
🔖 参见P224

1. 准备一张制作卡片的纸张，然后将其对折。
2. 将纸当作布，用针线将纽扣一一缝在上面。
3. 在纽扣的下方缝一些长长地花茎，用丝带将其捆成花束状。外边缘用伯特孔缝制法（参见P215）加以装饰。
4. 再准备一张卡片纸，在上面写一些自己想说的话。可以选择用彩笔来书写。
5. 用胶枪将纽扣贴到卡片边缘加以装饰，可以松散也可以密密地粘起来。

— TIP —
对于伯特孔缝制法，即使掌握得不够熟练也不用太过担心，因为这种缝法的缝制效果本身就会给人一种古典的美感，所以大胆去尝试吧！

步骤3

步骤5

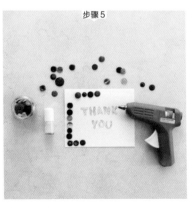

纸中开出的
立体花卡片
POP UP CARD

　　小时候第一次看到立体卡片时会惊讶于它的神奇，相信每个人都有过这样的经历。如果你知道了那种立体卡片的制作方法并没有想象中的难，会不会感到很惊讶呢？我们可以自己把感谢的话写在上面，相信你一定很感兴趣吧？下面就一起来制作这充满独特魅力的立体花卡片吧。

🕐 50分钟

Ⓛ 中等

Ⓡ 参见P224

1. 用白纸裁剪出7个规格为4cm×4cm的正方形。

2. 将白纸折成四等份，再沿着对角线折叠一次，形成三角形。

3. 用圆规在三角形上面画一个半圆，然后用剪刀沿其边缘剪下来。

4. 将3展开后会出现8个三角形，将其中的一个角剪下来。

5. 用双面胶将4中的两端贴在一起形成一个花朵状。制作7个这样的花朵。

6. 在中间放一个纸制花朵，在其各个面上各贴一个其他样式的纸制花朵。

7. 立体花制作完成后，将黑色的纸张对折，并将花朵贴在纸张的中央。

8. 在花瓣中写上自己想说的话加以装饰。

步骤5

步骤7

十九岁的时候，为了妈妈开始尝试做蛋糕（虽然曾经有过很多次把厨房搞得一片狼藉的黑暗过去），尝试过了很多次，但效果并不理想。可能正是因为这样，你一直犹豫要不要学习烘焙。对于这样的人来说，我想你应该快点去尝试。这是因为即使做得很糟糕，收到礼物的人也能感受到你的爱意和努力，并给予充分的理解。此外，只要你尝试做一次就会知道，烘焙的过程要比吃的过程更加让人感到幸福。

WINTER DAY 4

烘焙课程

FONDANT CAKE | MARSHMALLOW | ROYAL ICING COOKIE | CUP CAKE

端庄典雅的
翻糖蛋糕
FONDANT CAKE

在有特殊活动的时候，准备一个漂亮的翻糖蛋糕而非一般的蛋糕，可以带来更为令人印象深刻的效果。所谓的"翻糖"指的是将砂糖融化后制成的糖浆，而巧妙利用这种糖浆来装饰蛋糕，就能产生区别于一般奶油蛋糕的视觉效果。

翻糖属于砂糖工艺（sugar craft）领域的一种，它无毒无害，经常被用来做装饰。最近非常受孩子们欢迎的芭比娃娃蛋糕也属于翻糖蛋糕的一种。即使翻糖蛋糕属于专业的领域，但如果是选择翻糖小雏菊等用来做装饰，则不仅简单、漂亮，更能给对方带来无限的温暖。

FONDANT CAKE

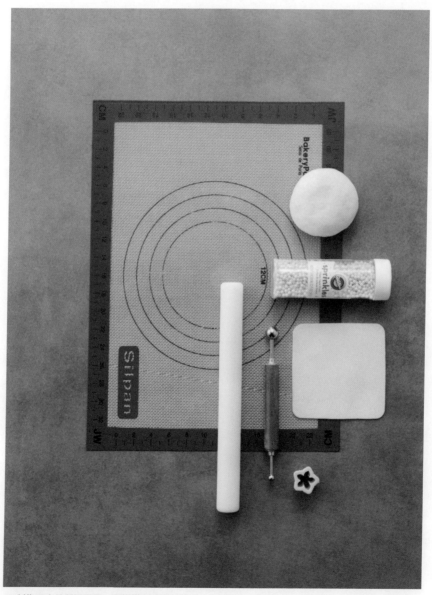

® 制作四人份所需用品：蛋糕模具或塑料模具、翻糖1块、食用珍珠、糖球2个、擀面杖、花形切割器、切披萨用刀、食用色素（黄色）

⏱ 1~2小时
📊 稍难

翻糖蛋糕经常被人们用作婚礼上的蛋糕。蛋糕表面用漂亮的翻糖盖住后，其内部将无法进入空气，进而形成密闭的状态。正因如此，翻糖蛋糕可以保存很久。在国外有很多人会将结婚时用的翻糖蛋糕保存起来，并在一年以后的第一个结婚纪念日到来之时，才将其切开吃掉。

步骤1

步骤2
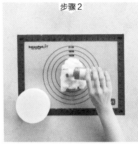

步骤3

步骤4

步骤5
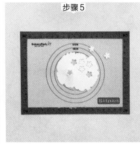

步骤6

步骤7

1. 准备翻糖和单层蛋糕（详情参见P241玛芬蛋糕制作原料），并准备用于装饰的塑料模具。

2. 在翻糖中滴入1~2滴食用色素后揉捏。

3. 用擀面杖将翻糖泥推压至厚0.8~1cm，直径为单层蛋糕的两倍左右。

4. 将3盖在单层蛋糕（或塑料模具）上，并用手用力按压使其完全贴合。剩余部分用披萨切刀切割下来。

5. 将没有放色素的白色翻糖用擀面杖推压至1~2mm左右的厚度，并将花形切割器盖在上面。

6. 将5的花瓣末端用糖果整理棒稍稍按压使其打开后，花瓣隆起会变得更加漂亮。

7. 在花朵中心插入食用珍珠，一个漂亮的翻糖蛋糕就制作完成了。步骤4中可以用多朵花来装饰，在花上面稍微蘸一点水，会更加容易贴紧。

8. 杯型蛋糕也可以用此方法进行装饰。

— TIP —
你可以亲自动手制作翻糖。而如果觉得太麻烦，也可以在市场上购买成品。蛋糕店里就可购得。

甜而劲道的
棉花糖
MARSHMALLOW

我们经常会买棉花糖吃，而棉花糖是完全可以在家里手工制作的。甚至有时在家里做的棉花糖会更为劲道香甜。将其随意地切成大块，用羊皮纸包裹起来，瞬间就变成了送人的佳品。

🕐 1~2小时
📊 中等

Ⓡ 制作四人份所需物品：
A：食用胶21g、水100g
B：水170g、砂糖283g、玉米糖浆227g
C：香草香精1茶匙、草莓粉14g
另有：调和碗、锅、温度计、手提式搅拌机、奶油裱花袋（纸袋）、糖粉、称量工具

1. 在调和碗中放入A，并将其充分搅拌。

2. 在锅中放入B，并将其蒸煮至沸腾。

3. 将2一直加热至115℃，到115℃时，将其倒入1中的调和碗中，用手提式搅拌机快速将其搅拌均匀。

4. 用手提式搅拌机搅拌至白色物质出现，此时倒入C。

5. 确认一下其黏度，并持续进行搅拌。如果变得像关东糖那样粘稠，就可以将它倒入奶油裱花袋并做成自己喜欢的样子，最后在上面撒一层糖粉静置一小时以后就可以吃了。也可以将它放在四方模具中，切成厚厚的魔方形状后就可以食用了。

— TIP —
烘焙最重要的就是要精确地掌握各个材料的份量。不要只用眼睛和手来估量，一定要用称量工具才可以保证精准。

圣诞节必备

皇家糖霜饼干
ROYAL ICING COOKIE

糖霜饼干非常适合在圣诞节时食用。圣诞节即将到来之前，让我们把装满了糖霜饼干的礼物盒子送给我们的朋友们吧。尽管可能做得不是很完美，但相信收到礼物的对方一定都会像小孩子一样激动。糖霜的制作要点是：制作前应该准备一些应景的圣诞树、雪花模样的饼干切割器。

🕐 1~2小时
📊 中等

ℝ 制作12~15个大块曲奇所需物品：

曲奇：面粉5杯（单杯容量为250ml）、黄油430g、砂糖1.5杯（单杯容量为250ml）、鸡蛋1个、香草香精1茶匙

糖霜：糖粉230g、鸡蛋白1份（1个鸡蛋）、柠檬汁少许、食用色素

另有：筛子、调和碗、擀面杖、奶油裱花袋、食用珍珠糖

制作曲奇

1. 在常温环境下，将黄油放置1小时左右，然后将黄油和砂糖混合在一起后，放入鸡蛋充分搅拌。

2. 充分搅拌后，倒入面粉和香草香精，并反复揉捏。

3. 用擀面杖将面团推开，并在上面压上饼干切割器，将其切割下来。

4. 将烤箱预热至170℃后，把饼干放入其中，烘烤20分钟。

制作糖霜

1. 将鸡蛋蛋白与蛋黄分离。

2. 用筛子将糖粉筛好后撒在蛋白上面。

3. 将2充分搅拌，倒入柠檬汁，使其变成流动状态。

4. 将准备好的食用色素倒入3中，制作成自己喜欢的颜色。

5. 将不同颜色的糖霜放入奶油裱花袋中，用它在曲奇表面画上自己喜欢的图案。也可以选择在上面写字或是用食用珍珠来加以装饰。

—— TIP ——

将面团放在冰箱内30分钟左右后拿出，更容易擀成薄饼状，用切割器切割的时候，其形状会更加完美。

含有丝滑掺糖奶油的

杯子蛋糕
CUP CAKE

　　杯子蛋糕制作方法相对简单，且很容易增加人们的满足感，大家一定要尝试去做一下。想要做好杯子蛋糕，记牢下面的三点就可以了。第一：一定要确保原材料新鲜；第二：严格遵守材料清单进行准备；第三：将烤箱充分预热，在正式使用烤箱前的20分钟，不要将其打开。

⏱ 1~2小时

📊 中等

🅡 制作24个杯子蛋糕所需材料：

玛芬蛋糕： 黄油360g、砂糖390g、盐4g、鸡蛋225g、面粉（波力面粉）450g、烘焙粉18g、牛奶430g

掺糖奶油： 黄油250g、硬化油125g、糖粉625g、柠檬汁10g、香草香精4g、水30g

另有： 调和碗、手提式搅拌器、打蛋器、筛子、奶油裱花袋、羊皮纸、玛芬蛋糕模具、食用珍珠糖

制作玛芬蛋糕

1. 用手提式搅拌机将黄油、砂糖和盐放在一起充分搅拌。

2. 在里面放入鸡蛋，并将其充分搅拌在一起。

3. 将筛好的面粉和烘焙粉一起放在里面搅拌均匀。

4. 将3充分混合后加入牛奶和香草香精。

5. 将4搅拌均匀后，倒入奶油裱花袋中。

6. 将5中3/4的量注入垫有羊皮纸的玛芬蛋糕模具中，并将其放入已经预热至170℃的烤箱中，烤制40分钟。

制作掺糖奶油

1. 在调和碗中放入黄油和硬化油，并用手提式搅拌机充分搅拌。

2. 将糖粉等剩下的材料逐一加到里面并充分搅拌。

3. 将2倒入奶油裱花袋中，在玛芬蛋糕表面画出漂亮的图案后用食用珍珠糖进行装饰。

— TIP —
如果没有手提式搅拌机，可以将黄油在常温下放置1个小时左右，待其变软后再倒入其他材料，并用手揉搓。

专属空间课程

SNOW BALL | LUXURIOUS FRAME & JEWELRY FRAME | TRAY HANGER | GLASS CANDLESTICK

有人会认为装饰自己的空间是一项十分巨大的工程，然而真正尝试去做了之后，就会发现它并不复杂。摆放一些自己亲手制作的小物件，或是对于自己而言十分有意义的东西，就可以将专属于自己的领域装扮完成。我们在装扮自己的空间时没有必要太繁琐，可以简单装饰一下椅子侧棱，也可以装饰一下空荡荡的墙壁，或是床旁边的小凳子……即使是巴掌大小的空间，只要是自己打造的，就变成了自己的专属空间。

记忆中飘落的雪花
雪花球
SNOW BALL

　　小时候，非常喜欢雪花球，只要稍稍摇晃一下，小小的空间里就会哗啦啦地下起雪来。用雪花球来记录那些值得回忆的美好瞬间吧。可以在里面放一些小时候喜欢的娃娃，也可以放一些旅行带回来的纪念品。就让我们用这样一个小小的瓶子，将我们宝贵的记忆一个一个保管起来吧。

SNOW BALL

® 制作一个所需物品：玻璃瓶1个、水和甘油按1:1份量混合、亮粉、纪念品、小石子少许、胶枪

准备大小不同的玻璃瓶，一起来制作并装饰雪花球吧。玻璃瓶的大小要比准备放到里面的纪念品大 30% 左右，这样才能确保摇晃的时候，可以看到有亮晶晶的雪花飘下来。

🕐 40分钟
🔵 中等

步骤1

步骤3

1. 用胶枪在玻璃瓶的盖子内部上粘一些小石子，让其微微凸起来。
2. 将纪念品粘在玻璃瓶盖子的石头上，此处也同样用胶枪操作。
3. 在玻璃瓶中倒入按1:1混合的水和甘油，并在里面放一些亮粉。
4. 将玻璃瓶盖盖上，然后倒过来摆放。

— TIP —
必须在玻璃瓶盖上内部面粘一层石子作为底座，这样在摆放时才能让人更加清晰地看到纪念品。

享受改变框架的乐趣

奢华相框&宝石相框

LUXURIOUS FRAME & JEWELRY FRAME

当我们开始尝试改变框架时会发现，这真的是一项能让人上瘾的活动。只要稍稍改变一下风格，从小店中淘来的廉价相框也会刹那间变得奢华大气。另外，在略土气的相框上贴满人造珍珠或是立方氧化锆，一个散发着优雅气息的宝石相框就制作完成了。我们可以轻易改变这些普通的相框，这是多么令人开心的事情啊。

LUXURIOUS FRAME & JEWELRY FRAME

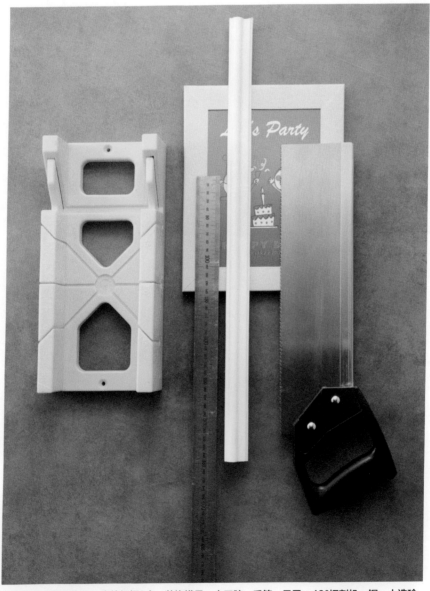

® 制作两个所需物品：廉价相框2个、装饰模具、木工胶、毛笔、尺子、40°切割机、锯、人造珍珠及立方氧化锆适量、胶枪

"45°切割机"正如其字面含义，它可以将木材沿45°角切割。在工具商店或网上可以购买到。因为它有较长的使用期限，其性价比很高，所以推荐大家购买一个。

🕐 1~2小时
🔘 中等

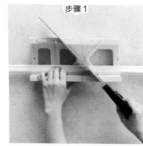
步骤1

步骤2

步骤3

1. 将装饰模具切割成相框的大小。此时，最重要的就是将边角切割成45°，使用45°切割机会很方便操作。

2. 将切割好的装饰模具边缘粘在相框上，并在上面粘一些木工胶。

3. 制作宝石相框需要在另一个相框上用胶枪在相框上粘满人造珍珠和立方氧化锆。

TIP
如果没有45°切割机，可以将其拿到手工店，让店员帮忙切割。

手工制作的魅力
托盘挂衣钩
TRAY HANGER

　　事实上，托盘也是可以变成挂衣钩的。我们可以在超市中买一些廉价木托盘，自己动手稍作改造后，再在上面涂上一层金漆，一个高档的挂衣钩就制作完成了。将廉价的东西变成充满高档气息的物品，这就是手工制作的魅力所在。

40分钟
中等

1. 准备一个廉价的木托盘。
2. 将托盘侧面涂上金漆。
3. 将挂衣钩或是把手位置涂上金漆，待其完全干透后将其用钉子钉在托盘上。
4. 最后将制作完成的挂衣钩固定在墙上。

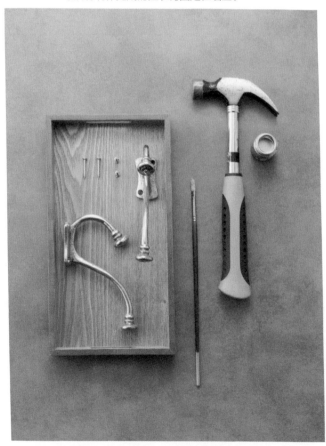

── TIP ──
可以去批发市场或五金店中购买挂衣钩和把手。

Ⓡ 制作一个所需物品：木托盘1个、铁质挂衣钩或把手2~3个、金色涂料、毛笔、钉子和锤子

充满了浪漫情调的
玻璃瓶烛台
GLASS CANDLESTICK

这是空玻璃的另一种变身。在玻璃瓶中装满盐,并用金线和银线加以装饰,一个充满过年氛围的烛台就制作完成了。可以在瓶子画一些树之类的图画,也可以将线随意缠一下。就让我们随意发挥自己的想象力吧。

⏱ 40分钟

Ⓛ 中等

1. 将A4纸放入准备好的玻璃瓶中测量玻璃瓶的大小。

2. 将A4纸拿出,在上面画一些简单的图画就足够了(如大树、线条等)。此时最重要的一点是:将图画画在1中测量好的玻璃瓶大小的范围内。

3. 将画好图画的A4纸重新放入玻璃瓶中。

4. 沿着画好的图案,在玻璃瓶表面涂上木工胶。

5. 沿着木工胶将金银线贴上去。

6. 用线将图画贴完后,将A4纸取出。在瓶口处放一个漏斗,将食盐倒进玻璃瓶内,最后将蜡烛插在上面。

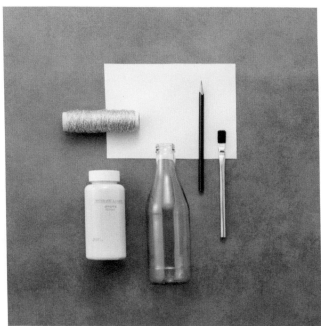

步骤5

TIP

如果没有金线和银线,也可以使用普通的白色或彩色线替代。

Ⓡ 制作一个所需物品:空玻璃瓶一个、A4纸一张、铅笔、木工胶、金线和银线(或者彩线)、漏斗、食盐适量

胶枪

胶枪可以用来粘体积大或是较重的东西。在制作多种物品时都能使用到，因而有手工制作兴趣的人是一定要拥有的。但要注意的是连接电源使用时，温度达到180°以上就有可能引发火灾。当孩子在旁边时，更要小心使用。可以在文具店、花店、建材市场或网站等处购买。

甘油

在制作保湿类香皂及化妆品时，需要往里面添加该种物质。可以在网站、超市、化妆品店等处购买。

用于装饰瓷砖的水泥

该水泥主要用于粘贴瓷砖。可以在瓷砖商店购买，购买一次可以使用很久。

无火香氛瓶的基础液

制作无火香氛瓶时必备的溶液。它可以有效地帮助原液扩散。可以在网站、杂货店购买。

贴标签的机器

也被称为贴标器，在制作名签或是包装礼物的时候尤为有用。可以在文具店或是网上购买。

清漆

餐巾艺术领域中经常会使用到的黏合剂，可以在网络或是厨具商店购买。

哑光漆

无光涂层剂，用干帕子将需要涂漆的一面擦干净后再涂。可以在网上或是建材商店购买。

木工胶

作为粘木头、纸张的黏合剂，还可以用来粘亮粉一类的物品。其原始为白色带状，在变干后会变为透明颜色。可以在家居用品店或建材商店购买。

水溶性调和漆

与丙烯酰胺染料相似，但价格却相对便宜，可以将不同的颜色混合起来调和成更多的颜色使用。可以在油漆商店购买。

气眼打孔两用钳

可以在布或是纸上打出小孔，同时在其边缘添加气眼扣（一种可以将孔的边缘锁住的金属扣）。如果想在孔的边缘挂上绳子，也可以使用该器具。可以在家居用品店、针织物原料店、网络等处购买。

绝缘铝箔胶带

该物品也被称为银箔胶带。可以在文具店、超市、厨房器具的商店等处购买。

胶黏剂

它是大家所了解的快速胶黏剂的升级版。其强大的黏性能够将任何东西粘起来。该胶黏剂需要将两种液体混合起来使用，且在混合前，两种液体是不具有黏性的，因而大家可以放心使用。用它来代替胶枪也是可以的。可以在文具店、建材市场或是网络等处购买。

浴盐

在制作入浴剂时使用的盐。可以在网络、批发市场等处购买。

乳化剂

乳化剂可以帮助水和油更好地混合在一起，在制作卸妆油一类的化妆品时，会经常用到它。可以在网络、批发市场购买。

小苏打

碳酸氢钠是烘焙粉的主要原料，可以在药店、超市购买。

用于针织品的染料

用该染料染完针织品并将它晾干后，即使用水清洗也不会掉色。可以在家居用品店、网上购买。

插花泡沫

可以用于插花的特殊材质塑料品。其形状大小各有不同，且不可重复使用。可以在花店、园艺店处购买。价格相对低廉的泡沫吸收能力不好，花卉插在上面无法维持很久。

B

白色花环 47

铝箔姓名卡 91

杯子蛋糕 241

蝙蝠&手持假面 167

边角字母刺绣 111

饼干形状蜡烛 137

玻璃瓶烛台 255

C

彩蛋 57

彩色花瓶 120

餐巾艺术彩蛋 60

餐桌花朵装饰 31

瓷砖茶盘 129

茶盏蜡烛 133

茶烛 135

橙子香盒 147

D

大绒球 43

蛋糕托盘&鸡蛋托盘 125

多肉植物迷你花盆 89

F

发光彩蛋 59

翻糖蛋糕 233

G

膏体芳香剂 101

隔热杯套 217

H

花卉信箱 50

花球 145

皇家糖霜饼干 239

红酒袋 215

J

襟花 39

金色工程 151

L

栎实餐巾圈 155

立体花卡片 229

砾石镇纸 153

亮晶晶的卡片 222

M

毛毡花环 219

毛毡拉旗 211

棉花花环 204

棉花糖 237

没有盒子时自己动手做一个 70

N

纽扣卡片 227

女巫扫帚 165

P

飘带胸花&发带 80

捧花 34

瓶子包装 69

Q

巧克力酱 187

巧克力派 189

蚯蚓蛋糕 173

S

沙滩游戏盘 117

砂糖松塔 196

奢华相框&宝石相框 248

松露巧克力 191

时尚简单风格刺绣 107

T

天然香皂 99

图画刺绣茶垫 113

托盘挂衣钩 253

W

万圣节南瓜 171

无火香氛瓶 103

X

香囊 143

胸花&短项链 77

雪花球 244

Y

浴盐 97

用羊皮纸包装点心 67

Z

爆炸浴盐 95

珍珠餐巾圈 176

珍珠双层收纳盒 181

珍珠提包 183

字母杯 158

纸杯灯 49

砖制书立 119

内 容 提 要

当我们在生活中细细筛选时，可以发现生活中有很多足以称之为"垃圾"的东西，然而如果重新添加一些元素或是给它们改变一下"装扮"，则立刻就会变成美丽而不浮夸的新物品。只要我们投入自己的时间和热情努力去做，就一定能创造出与之前完全不同的东西。希望通过这本书能让读者们重新看待生活中的种种琐事，能够感受到自己亲手制作东西的喜悦和意义；也希望这本书能够让你更加热爱生活，变得更加幸福。

北京市版权局著作权合同登记图字：01-2015-4051

어떤 날에 원데이 클래스

Copyright © 2015 by choe jung hwa

All rights reserved.

Simplified Chinese copyright © 2019 by China WaterPower Press

This Simplified Chinese edition was published by arrangement with Joongang Books through Agency Liang

图书在版编目（CIP）数据

一日一课，不经意间的家居生活整理魔法 ／（韩）崔丁化著；庄晨译. -- 北京：中国水利水电出版社，2019.5
ISBN 978-7-5170-7506-6

Ⅰ. ①一… Ⅱ. ①崔… ②庄… Ⅲ. ①家庭生活－基本知识 Ⅳ. ①TS976.3

中国版本图书馆CIP数据核字(2019)第040453号

策划编辑：杨庆川　责任编辑：邓建梅　加工编辑：庄　晨　封面设计：千颜千影

书　　名	一日一课，不经意间的家居生活整理魔法　YIRI YIKE, BU JINGYI JIAN DE JIAJU SHENHUO ZHENGLI MOFA
作　　者	［韩］崔丁化 著　　庄晨 译
出版发行	中国水利水电出版社 （北京市海淀区玉渊潭南路1号D座　100038） 网址：www.waterpub.com.cn E-mail：mchannel@263.net（万水） 　　　　sales@waterpub.com.cn 电话：（010）68367658（营销中心）、82562819（万水）
经　　售	全国各地新华书店和相关出版物销售网点
排　　版	北京万水电子信息有限公司
印　　刷	雅迪云印（天津）科技有限公司
规　　格	184mm×260mm　16开本　16.5印张　370千字
版　　次	2019年5月第1版　2019年5月第1次印刷
印　　数	0001－5000册
定　　价	49.00元

凡购买我社图书，如有缺页、倒页、脱页的，本社营销中心负责调换

版权所有·侵权必究